算数科のための基礎代数
～代数構造と順序構造の入門～

推薦のことば

大学で学ぶことの目的や目標は、学生諸君により諸種であると思います。しかしながら、深い専門的知識や高度な技術、そして幅広い教養の習得を大学教育の主要な目的とすることに異存のある人は、少ないと思います。この目的達成のため岡山大学は、高度な専門教育とともに、人間活動の基礎的な能力である「教養」の教育にも積極的に取り組んでいます。

限られた教育資源を活用し大学教育の充実を図るには、効果的かつ能率的な教育実施が不可欠です。これを実現するための有望な方策の一つとして、個々の授業目的に即した適切な教科書を使用するという方法があります。しかしながら、日本の大学教育では伝統的に教科書を用いない授業が主流であり、岡山大学においても教科書の使用率はけっして高くはありません。このような教科書の使用状況は、それぞれの授業内容に適した教科書が少ないことが要因の一つであると考えられます。

適切な教科書作成により、授業の受講者に対して、教授する教育内容と水準を明確に提示することが可能となります。そこで教育内容の一層の充実と勉学の効率化を図るため、岡山大学では平成２０年度より本学所属の教員による教科書出版を支援する事業を開始いたしました。

岡山大学出版会編集委員会では、提案された教科書出版企画を厳正に審査し、また必要な場合には助言をし、教科書出版に取り組んでいます。

今回、岡山大学オリジナルな教科書として、教員養成における教科と学問の接続を目的とした代数学の教科書を出版することになりました。本書には小学校算数科の教科内容から代数学が関わる様々な具体例が引用されています。やや難解な議論が必要になる部分もありますが、全体を通して一本の道筋に沿って書かれています。

本書が、今後も改良を加えながら、算数科や代数学の関連授業において効果的に活用され、学生諸君の教科の理解へ向けて大いに役立つことを期待しています。

また、これを機に、今後とも、岡山大学オリジナルの優れた教科書が出版されていくことを期待しています。

令和３年７月

国立大学法人 岡山大学 学長 槇野 博史

目次

0 はじめに

本書は, 著者が岡山大学教育学部で, 基礎代数の講義を担当する際に用いる資料を加筆・修正・整理しなおしたものである. 基礎代数は小学校算数科の代数領域 (A 領域) を扱う講義であるが, 中学校や高校の数学免許を取得しようとする学生も受講し, この後に学ぶ代数学の基礎部分を扱う講義でもある. そこで, 本書は代数構造や順序構造の基礎事項 (とやや発展的な内容) を算数科 (から中学校第一学年一学期の数学科まで) の内容と並行する形で構成されている. 無論, 算数科の内容は数学的に厳密に構成されているわけではない. したがって, 算数科の単元配置の順序に従って構成すると非論理的展開になってしまう. それでは教科内容の根拠を学ぶために数学を学習するという内容構成の考え方に逆らうことになってしまうので, 本書は数学的な手順に従った通常の数学書のように単元を配置している. その結果, 本書の単元配置は部分的に算数科の単元配置とは異なる. しかしながら, このような記述をすることで, 逆に算数科における単元配置を客観的に考察できるようになる. 例えば, 数学的な手順に逆らっている算数科の単元も簡単に読み取れるようになる[1]. このような逆行する単元においては, 当然のように指導がスパイラルになる. 一方で, —そのような単元の逆行は確かに目につくが— 同時に, 大部分の代数領域の単元が数学的・論理的な手順に従っていることも読み取れる. このような順行する単元では, 算数科を数学的・論理的に理解することが可能になる. 結果, 算数科における代数領域の単元がいかに数学的・論理的な手順に従っているかが分かる.

さて, 算数科に現れる代数学は, 大雑把に言って

- 自然数の性質と記数法と筆算
- 分数の性質と記数法

が挙げられる. 本書ではこれらに,

- 整数の性質と記数法
- 有理数の性質

を加えて論ずる. 大まかに言って, 中学校第一学年一学期までの代数学を扱うことになる.

最後に, 著者は本書の執筆に際して,『遠山啓著作集 数学論シリーズ・数学教育論シリーズ』[3][2] を大いに参考にしている.

---

[1]例えば, 第一学年の単元「99 までのかず」と第三学年の単元「あまりのあるわり算」では, 数学的に「あまりのあるわり算」が先に議論される.

第I部 論理と集合の復習

1 論理

まず, 記号の準備を含めて論理や集合について復習しておこう.

1.1 命題

真か偽いずれか一方の値を持つ文を**命題** *(proposition)* と呼ぶ. 真の命題を T とあらわし, これを**恒真命題** (または**トートロジー**) と呼ぶ. また, 偽の命題を F とあらわし, これを**矛盾命題**と呼ぶ.

P を命題とするとき, 命題 not P を右の表で定める.
このような表を**真理値表**と呼ぶ.

P	not P P でない
T	F
F	T

P と Q を命題とするとき, 命題 P and Q, P or Q, $P \Rightarrow Q$, $P \Leftrightarrow Q$ を次の表で定める:

P	Q	P and Q P かつ Q	P or Q P または Q	$P \Rightarrow Q$ P ならば Q	$P \Leftrightarrow Q$ P は Q と同値
T	T	T	T	T	T
T	F	F	T	F	F
F	T	F	T	T	F
F	F	F	F	T	T

次は簡単に示される:

定理 1.1. P, Q, R を命題とするとき, 以下が成り立つ (つまり, 以下はトートロジーである):

(1) $(P \Rightarrow Q) \Leftrightarrow (\text{not}\, P \ \text{or}\ Q)$. (2) $(P \ \text{and}\ (P \Rightarrow Q)) \Rightarrow Q$.

(3) $\text{not}\,(\text{not}\, P) \Leftrightarrow P$. (4) $(P \Rightarrow \text{F}) \Leftrightarrow \text{not}\, P$.

(5) $((P \Rightarrow Q) \ \text{and}\ (Q \Rightarrow P)) \Leftrightarrow (P \Leftrightarrow Q)$.

(6) $(\text{not}\,(P \Rightarrow Q)) \Leftrightarrow (P \ \text{and}\ \text{not}\, Q)$.

1.2　述語・条件

項 x を代入するごとに真偽が定まる命題 $P(x)$ が与えられたとき, P を**述語** *(a predicate)* あるいは**条件** *(a condition)* と呼ぶ. また, $P(x)$ を x **は** P **を満たす**と読む. 条件 P に対して,

- 「任意の x に対して $P(x)$ が成り立つ」を $\forall x; P(x)$ と
- 「ある x に対して $P(x)$ が成り立つ」を $\exists x; P(x)$ や $\exists x$ s.t. $P(x)$ と[2)]

表記する. このとき, 上記の x を**束縛変項**あるいは**束縛変数**と呼ぶ. 束縛変数は使用範囲が限られており, その範囲を**スコープ**と呼ぶ. スコープの外で同じ変数を利用することは禁止されている. 例えば, $\forall x; P(x)$ の場合は $\forall$ から) までがスコープであり, $\exists x; P(x)$ の場合は $\exists$ から) までがスコープである. 束縛変数 x のスコープの外で x を利用することは禁止される. したがって, "$Q(x)$ and $\forall x; P(x)$" のような文は不適切であり, このような文は使わない. ただし, スコープが重なっていないならば, 同じ束縛変数を再利用してもよい. 例えば, $\forall x; P(x) \Rightarrow \exists x; P(x)$ という記述は問題ない. 束縛変数は, そのスコープ内で一斉にほかの束縛変数に置き替えても真偽は変わらない. 例えば, $\forall x; P(x)$ と $\forall y; P(y)$ は同値である. 束縛変数でない変数を**自由変項**あるいは**自由変数**と呼ぶ. $\forall$ や $\exists$ の付いていない裸の $P(x)$ における x は自由変数である. 自由変数を持たない命題を**閉論理式**と呼ぶ. 閉論理式は真偽が定まる. 一方, 自由変数を持つ命題を**開論理式**と呼ぶ. 開論理式は, それに含まれる自由変数の値によって, 真偽が変わることがある.

次の定理の証明は与えない:

定理 1.2. 以下が成り立つ:

(1) (not $\forall x; P(x)$) $\Leftrightarrow \exists x;$ not $P(x)$.

(2) (not $\exists x; P(x)$) $\Leftrightarrow \forall x;$ not $P(x)$.

(3) $(\exists y; \forall x; P(x, y)) \Rightarrow (\forall x; \exists y; P(x, y))$.

補足 1. しばしば not $\exists x; P(x)$ を $\nexists x; P(x)$ とあらわす. (3) について, 逆は成り立たないことに注意せよ.

[2)] s.t. は 'such that' の略.

2 集合論—基礎—

2.1 集合

明確に区別される対象を**元** *(an element)* と呼び, いくつかの (数えきれないほど沢山かもしれない) 元を収納する入れ物を**集合** *(a set)* と呼ぶ. 元 a が集合 A に入っているとき, **a は A の元である**とか **a は A に属す**と言う. a が集合 A の元であることを $a \in A$ と表記する. a が集合 A の元でないことを $a \notin A$ と表記する.

[集合の相等] A, B を集合とする. $\forall x; x \in A \Leftrightarrow x \in B$ が成り立つとき, **集合 A と B が等しい**と言い, $A = B$ と表記する.

[集合の記法 (表示法)] 条件 P が与えられたとき, 条件 P を満たす元の全体がなす集合を

$$\left\{x \,\middle|\, P(x)\right\}$$

であらわす. ここで x は束縛変数であり, スコープは { から } までである. この表示法を**内包的記法**と呼ぶ. この集合を A とおくと,

$$\forall x; x \in A \Leftrightarrow P(x)$$

が成り立つ.

元 a, b, c, d に対して,

$$\begin{aligned}
\{\} &:= \left\{x \,\middle|\, \mathrm{F}\right\}, \\
\{a\} &:= \left\{x \,\middle|\, x = a\right\}, \\
\{a, b\} &:= \left\{x \,\middle|\, x = a \ \text{ or } \ x = b\right\}, \\
\{a, b, c\} &:= \left\{x \,\middle|\, x = a \ \text{ or } \ x = b \ \text{ or } \ x = c\right\}, \\
\{a, b, c, d\} &:= \left\{x \,\middle|\, x = a \ \text{ or } \ x = b \ \text{ or } \ x = c \ \text{ or } \ x = d\right\}
\end{aligned}$$

と表記する. これらの表示法を集合の**外延的記法**, **列挙による表示**と呼ぶ. 集合 $\{\}$ を**空集合**と呼ぶ. 空集合は $\varnothing$ や $\emptyset$ とも表記する[3)]

3) どの記号を用いてもよい. $\{\}$ は空集合の外延的記法である. 本書では, $\varnothing$ をよく用いる.

2.2　集合と論理

集合 X の元についての条件 P が与えられたとき,

- 「$\forall x; x \in X \Rightarrow P(x)$」を $\forall x \in X; P(x)$ と　(任意)
- 「$\exists x; x \in X \text{ and } P(x)$」を $\exists x \in X; P(x)$ と　(存在)

表記する. また,

- $\exists x \in X; P(x)$ と　(存在)
- $\forall x, x' \in X; P(x) \text{ and } P(x') \Rightarrow x = x'$　(一意)

がともに成り立つとき,「$\exists! x \in X; P(x)$」と表記する. 結果として, これは「集合 X の中に条件 P を満たすものが一意に存在する」ことを意味する.

定理 2.1. 集合 X の元と集合 Y の元についての条件 $P(x, y)$ について,

(A) $\exists y \in Y; \forall x \in X; P(x, y)$

が成り立てば,

(B) $\forall x \in X; \exists y \in Y; P(x, y)$

が成り立つ. しかし, 一般に逆は成り立たない.

Proof. 前半は自明なので, 後半を示そう. $X := \{a, b\}$, $Y := \{c, d, e\}$ とおき, P を次の表で定めよう:

P	c	d	e
a	F	T	F
b	T	F	T

このとき, 明らかに (B) は真だが, (A) は偽である. □

2.3 写像

A と B を集合とする. A の各元にそれぞれ一つずつ B の元が対応しているとき, その対応を **A から B への写像** *(a map from A to B)* という. f が A から B への写像であることを $f : A \to B$ と表記する. 写像 $f : A \to B$ によって, 元 $a \in A$ に対して元 $b \in B$ に対応することを $f : a \mapsto b$ あるいは $f(a) = b$ と表記する. b を **a の像** *(the image of a)* と呼び, a を **b の原像** *(a preimage of b)* と呼ぶ[4].

- A を f **の始集合**, **始域**, **定義域** *(the domain of f)*,
- B を f **の終集合**, **終域**, **余定義域** *(the codomain of f)*

と呼ぶ.

[写像の相等] $f, g : A \to B$ とする. $\forall a \in A; f(a) = g(a)$ が成り立つとき, **写像 f と g が等しい**と言い, $f = g$ と表記する.

写像 $f : A \to B$ と $g : B \to C$ に対して, 写像 $\begin{array}{ccc} A & \to & C \\ \Psi & & \Psi \\ x & \mapsto & g(f(x)) \end{array}$ が定まる. この写像を $g \circ f$ とあらわし, **f と g の合成写像** *(the composition map of f and g)* と呼ぶ. つまり, $\forall x \in A; (g \circ f)(x) = g(f(x))$.

写像 $\begin{array}{ccc} A & \to & A \\ \Psi & & \Psi \\ x & \mapsto & x \end{array}$ を Id_A とあらわし, **恒等写像** *(the identity map)* と呼ぶ. つまり, $\forall x \in A; \mathrm{Id}_A(x) = x$.

次は簡単である:

定理 2.2. 写像の合成について, 以下が成り立つ:

(1) $f : A \to B, g : B \to C, h : C \to D$ とすれば,
$h \circ (g \circ f) = (h \circ g) \circ f$.

(2) $f : A \to B$ とすれば, $f \circ \mathrm{Id}_A = f$.

(3) $f : A \to B$ とすれば, $\mathrm{Id}_B \circ f = f$.

補足 2. 写像 f と g の合成 $g \circ f$ は, f の終集合と g の始集合が一致するときのみ定義される.

---

[4] 冠詞の違いにも注意しよう. a の像は唯一つだから定冠詞の the であるが, b の原像は一つとは限らないので不定冠詞の a である.

補足 3. 写像 f と g の合成 $g \circ f$ が定義できるとしても, $f \circ g$ が定義されるとは限らない. $f \circ g$ も定義できる場合でも, 一般に, $g \circ f$ と $f \circ g$ は異なる.

補足 4. 空集合 $\varnothing$ から集合 A への写像はただ一つ存在して, これを**空写像**と呼ぶ.

$f : A \to B$ とするとき,

- f が**単射** *(an injection)* であるとは,
$$\forall a, a' \in A; f(a) = f(a') \Rightarrow a = a'$$
が成り立つことである.
- f が**全射** *(a surjection)* であるとは,
$$\forall b \in B; \exists a \in A; f(a) = b$$
が成り立つことである.
- f が**全単射** *(a bijection)* であるとは, f が全射であり同時に単射であることである.

$f : A \to B$ が全単射のとき (そのときに限り), 各 $b \in B$ に対して, 唯一つ $a \in A$ が存在して, $f(a) = b$ となる. この b に対して定まる a を $f^{-1}(b)$ であらわす. $f^{-1}(b)$ を b **の逆像** *(the inverse image of f)* と呼ぶ. こうして, 写像 $f^{-1} : B \to A$ が定まる. 写像 f^{-1} を f **の逆写像** *(the inverse map of f)* と呼ぶ.

命題 2.3. 逆写像について, 以下が成り立つ:

(1) $f : A \to B$ と $g : B \to C$ がともに全単射であれば, 合成写像 $g \circ f : A \to C$ は全単射で, $(g \circ f)^{-1} = f^{-1} \circ g^{-1}$.

(2) 恒等写像 $\mathrm{Id}_A : A \to A$ は全単射で, ${\mathrm{Id}_A}^{-1} = \mathrm{Id}_A$.

(3) $f : A \to B$ が全単射であれば, 逆写像 $f^{-1} : B \to A$ は全単射で, $(f^{-1})^{-1} = f$.

補足 5. 同様に, $f : A \to B$ と $g : B \to C$ がともに単射であれば, 合成写像 $g \circ f : A \to C$ は単射である. また, $f : A \to B$ と $g : B \to C$ がともに全射であれば, 合成写像 $g \circ f : A \to C$ は全射である.

2.4 部分集合

A と B を集合とする. $\forall x; x \in A \Rightarrow x \in B$ が成り立つとき, A を B **の部分集合**と呼び, $A \subseteq B$ と表記する. A **は** B **に含まれる**ということもある. $A \subseteq B$ かつ $A \neq B$ のとき, $A \subsetneq B$ と表記し, A を B **の真 (の) 部分集合**と呼ぶ.

- 集合 X の元についての条件 P に対して, 集合 $\left\{x \,\middle|\, x \in X \text{ and } P(x)\right\}$ をしばしば $\left\{x \in X \,\middle|\, P(x)\right\}$ と表記する. これは X の部分集合である.
- 写像 $f: X \to Y$ と, X の元についての条件 P が与えられたとき, 集合 $\left\{y \in Y \,\middle|\, \exists x \in X; f(x) = y \text{ and } P(x)\right\}$ を $\left\{f(x) \in Y \,\middle|\, x \in X, P(x)\right\}$ と表記する. これは Y の部分集合である.

写像 $f: X \to Y$ と部分集合 $A \subseteq X$ に対して,

$$f(A) := \left\{f(x) \in Y \,\middle|\, x \in A\right\}$$

とおく. これは Y の部分集合である. これを f **の下での** A **の像** *(the image of A under f)* という. 特に, $f(X)$ を f **の像** *(the image of f)* とか f **の値域**と呼び, $\mathrm{Image} f$ ともあらわす. また, 写像 $A \ni x \mapsto f(x) \in Y$ を f **の** A **への制限**と呼び, $f|_A$ であらわす.

集合 A, B に対して, 以下のように定める:

- $A \cup B := \left\{x \,\middle|\, x \in A \text{ or } x \in B\right\}$ を A **と** B **の和集合**と
- $A \cap B := \left\{x \,\middle|\, x \in A \text{ and } x \in B\right\}$ を A **と** B **の共通部分**と
- $A \setminus B := \left\{x \,\middle|\, x \in A \text{ and } x \notin B\right\}$ を**差集合**と

呼ぶ. 集合 A, B は $A \cap B = \emptyset$ のとき, **互いに素である**と言う. 集合 A, B が互いに素のとき, 和集合 $A \cup B$ を $A \amalg B$ と表記し, A **と** B **の直和集合**と呼ぶ. 集合 A が (事前に指定された) 集合 Ω の部分集合であるとき,

$$A^c := \Omega \setminus A$$

とおき, これを A **の補集合**と呼ぶ. Ω を集合とするとき,

$$2^\Omega := \left\{A \,\middle|\, A \subseteq \Omega\right\}$$

とおき, これを Ω **の冪集合**と呼ぶ. 次は簡単である:

定理 2.4. 集合 Ω の部分集合について, 以下が成り立つ:

(0) $\forall A, B, C \in 2^{\Omega};$
$A \cup (B \cup C) = (A \cup B) \cup C.$

(1) $\forall A \in 2^{\Omega}; A \cup \varnothing = A = \varnothing \cup A.$

(2) $\forall A, B \in 2^{\Omega}; A \cup B = B \cup A.$

(3) $\forall A \in 2^{\Omega}; A \cup A = A.$

(4) $\forall A, B \in 2^{\Omega}; A \cup (B \cap A) = A.$

(5) $\forall A \in 2^{\Omega}; A \cup A^c = \Omega.$

(6) $\forall A, B, C \in 2^{\Omega};$
$A \cup (B \cap C) = (A \cup B) \cap (A \cup C).$

(7) $\forall A \in 2^{\Omega}; A \cup \Omega = \Omega.$

(8) $\forall A, B \in 2^{\Omega};$
$(A \cup B)^c = A^c \cap B^c.$

(9) $\varnothing^c = \Omega.$

(10) $\forall A, B, C \in 2^{\Omega};$
$A \cap (B \cap C) = (A \cap B) \cap C.$

(11) $\forall A \in 2^{\Omega}; A \cap \varnothing = A = \varnothing \cap A.$

(12) $\forall A, B \in 2^{\Omega}; A \cap B = B \cap A.$

(13) $\forall A \in 2^{\Omega}; A \cap A = A.$

(14) $\forall A, B \in 2^{\Omega}; (A \cup B) \cap A = A.$

(15) $\forall A \in 2^{\Omega}; A \cap A^c = \varnothing.$

(16) $\forall A, B, C \in 2^{\Omega};$
$A \cap (B \cup C) = (A \cap B) \cup (A \cap C).$

(17) $\forall A \in 2^{\Omega}; A \cap \varnothing = \varnothing.$

(18) $\forall A, B \in 2^{\Omega};$
$(A \cap B)^c = A^c \cup B^c.$

(19) $\Omega^c = \varnothing.$

(20) $\forall A \in 2^{\Omega}; (A^c)^c = A.$

2.5 部分集合の族

集合 Ω が与えられ, 集合 I の元 i で添え字づけられた Ω の部分集合 A_i たちが与えられているとき, これを $(A_i)_{i \in I}$ と表記し, **部分集合の族**と呼ぶ. 部分集合の族 $(A_i)_{i \in I}$ に対して,

$$\bigcap_{i \in I} A_i := \left\{ x \in \Omega \,\middle|\, \forall i \in I; x \in A_i \right\}, \qquad \bigcup_{i \in I} A_i := \left\{ x \in \Omega \,\middle|\, \exists i \in I; x \in A_i \right\}$$

とおき, それぞれ部分集合の族 $(A_i)_{i \in I}$ **の共通部分**, **和集合**と呼ぶ. 表記 $(A_i)_{i \in I}$ や $\bigcap_{i \in I} A_i$ や $\bigcup_{i \in I} A_i$ において, i は束縛変数である. ここで $I = \varnothing$ の場合, 共通部分は $\bigcap_{i \in I} A_i = \Omega$, 和集合は $\bigcup_{i \in I} A_i = \varnothing$ となることに注意する.

2.6 直積集合

A と B を集合とする. $a \in A, b \in B$ とするとき, これを並べた (a, b) を **a と b の対** *(the pair of a and b)* と呼ぶ.

$$A \times B := \left\{(a, b) \,\middle|\, a \in A \text{ and } b \in B\right\}$$

とおき, これを **A と B の直積集合** *(the direct product set of A and B)* と呼ぶ.

$f : A \to B$ に対して,

$$\Gamma := \left\{(a, b) \in A \times B \,\middle|\, f(a) = b\right\}$$

とおき, Γ を **f のグラフ** *(the graph of f)* と呼ぶ. f のグラフ Γ は,

$$\forall a \in A; \exists! b \in B; (a, b) \in \Gamma \tag{2.1}$$

を満たす. 逆に $A \times B$ の部分集合 $\Gamma \subseteq A \times B$ が (2.1) を満たすならば, 一意に写像 $f : A \to B$ が存在して, Γ は f のグラフとなる. こうして, A から B への写像と, $A \times B$ の部分集合で (2.1) を満たすものは一対一に対応する.

補足 6. $A = \varnothing$ のとき, 直積集合は $A \times B = \varnothing$ となる. このとき, (2.1) を満たす $A \times B$ の部分集合は $\varnothing$ だけである. これが空写像のグラフである.

次の命題は簡単である:

命題 2.5. A, B, C を集合とし, B と C を互いに素とすると, $A \times B$ と $A \times C$ は互いに素で, $A \times (B \amalg C) = (A \times B) \amalg (A \times C)$ が成り立つ.

2.7 二項関係

集合 X の元 x, y についての条件 $R(x, y)$ が与えられたとき, R を **(X 上の) 二項関係** *(a binary relation over X)* と呼ぶ.

例 2.1. 集合 X を $X := \{a, b, c\}$ と定める.

X 上の二項関係 R_1 を下の表で定める.

R_1	a	b	c
a	T	T	T
b	T	T	T
c	F	F	T

X 上の二項関係 R_2 を下の表で定める.

R_2	a	b	c
a	T	T	F
b	T	T	F
c	F	F	T

X 上の二項関係 R_3 を下の表で定める.

R_3	a	b	c
a	T	F	T
b	F	T	T
c	F	F	T

X 上の二項関係 R_4 を下の表で定める.

R_4	a	b	c
a	T	T	F
b	T	T	T
c	F	T	T

このように, 一つの集合の上に様々な二項関係が存在する. 通常は, $R(x,y)$ を中置記法を用いて xRy と書く.

2.8 同値関係と商集合

X 上の二項関係 R が

- $\forall x \in X; xRx,$ (反射律)
- $\forall x, y, z \in X; xRy \text{ and } yRz \Rightarrow xRz,$ (推移律)
- $\forall x, y \in X; xRy \Rightarrow yRx$ (対称律)

を満たすとき, R を X **上の同値関係** *(an equivalence relation over X)* と呼ぶ.

例 2.2. 例 2.1 の集合 X 上の二項関係 R_1 は, 反射律と推移律を満たすが, 対称律を満たさないので, 同値関係ではない.

例 2.3. 例 2.1 の集合 X 上の二項関係 R_2 は, 反射律と推移律と対称律を満たすので, 同値関係である.

例 2.4. 例 2.1 の集合 X 上の二項関係 R_3 は, 反射律と推移律を満たすが, 対称律を満たさないので, 同値関係ではない.

例 2.5. 例 2.1 の集合 X 上の二項関係 R_4 は, 反射律と対称律を満たすが, 推移律を満たさないので, 同値関係ではない.

集合 X 上の同値関係 R が与えられたとき, $x \in X$ に対して,

$$[x], [x]_R := \left\{ y \in X \,\middle|\, yRx \right\}$$

などとおき[5], これを x **の同値類** *(the equivalence class of x)* と呼ぶ. また, x を $[x]$ **の代表元** *(a representative of $[x]$)* と呼ぶ. また,

$$X/R := \left\{ [x] \,\middle|\, x \in X \right\}$$

とおき, これを X **の** R **による商集合** *(the quotient set of X by R)* と呼ぶ.

例 2.6. 例 2.1 の集合 X 上の同値関係 R_2 の場合, 商集合は, $X/R_2 = \{\{a,b\},\{c\}\}$.

商集合 X/R は以下を満たす:

(1) $\forall A \in X/R; A \neq \varnothing$.

(2) $\forall A, B \in X/R; A = B \text{ or } A \cap B = \varnothing$.

(3) $\forall x \in X; \exists A \in X/R; x \in A$.

逆に条件 (1)(2)(3) を満たす集合族は必ずある同値関係から得られる.

[5] 他にも様々な記号で書かれる. 例えば, $C(x), C_R(x), x/R$ など.

2.9 集合の対等と比較

2.9.1 集合の対等

定義 2.1. X と Y を集合とする. **集合 X が集合 Y と対等である** *(equinumerous)* とは, X から Y への全単射が存在することである. このとき, これを $X \sim Y$ と表記する.

命題 2.6. 集合の対等について, 以下が成り立つ:

(1) $X \sim X$. (反射律)

(2) $X \sim Y$ and $Y \sim Z \Rightarrow X \sim Z$. (推移律)

(3) $X \sim Y \Rightarrow Y \sim X$. (対称律)

Proof. (1) 命題 2.3(2) より, 恒等写像 $\mathrm{Id}_X : X \to X$ は全単射である. したがって, $X \sim X$.

(2) $X \sim Y$ より, 全単射 $f : X \to Y$ が存在する. また, $Y \sim Z$ より, 全単射 $g : Y \to Z$ が存在する.

f, g は全単射だから, 命題 2.3(1) より, 合成写像 $g \circ f : X \to Z$ は全単射である. したがって, $X \sim Z$.

(3) $X \sim Y$ より, 全単射 $f : X \to Y$ が存在する. f は全単射だから, 命題 2.3(3) より, $f^{-1} : Y \to X$ は全単射である. したがって, $Y \sim X$. □

集合の対等は, 「同じ個数の元を持つ」という意味を持つ. しかし, ここではまだ「個数」という概念が導入されていないことに注意せよ. つまり, 対等性は「個数」の概念よりも原始的・基本的であると言える.

補足 7. 構成的存在証明. 例えば (1) $X \sim X$ では, 始集合 X から終集合 X への全単射が存在することを示さねばならない. このように何かが存在することを証明することを存在証明という. 存在証明にはいくつかのパターンがあるが, 最も基本的なのは, 構成的存在証明である[6]. 構成的存在証明

[6] 存在証明には非構成的存在証明もある. 例えば, 中間値の定理 や 鳩ノ巣原理 は非構成的に証明される.

では, 具体的に所望の対象を構成・提示することをもって証明する. 上述の (1) $X \sim X$ では, 命題 2.3(2) で全単射であることが証明されている恒等写像 $\mathrm{Id}_X : X \to X$ を提示している.

2.9.2 集合の比較

次に,「X より, Y の方が元の個数が多いか等しい」という意味を持つ集合の不対等性を導入しよう. ただし, ここでもまだ「個数」という概念が導入されていないことに注意せよ.

定義 2.2. X と Y を集合とする. ここで, X から Y への単射が存在するとき, これを $X \lesssim Y$ とか $Y \gtrsim X$ と表記する.

定理 2.7. 集合の対等について, 以下が成り立つ:

(1) $X \lesssim X$. (反射律)

(2) $X \lesssim Y$ and $Y \lesssim Z \Rightarrow X \lesssim Z$. (推移律)

(3) $X \lesssim Y$ or $X \gtrsim Y$. (比較律)

(4) $X \lesssim Y$ and $X \gtrsim Y \Rightarrow X \sim Y$.

Proof. (1) 恒等写像 $\mathrm{Id}_X : X \to X$ は単射なので, $X \lesssim X$.

(2) $X \lesssim Y$ より, 単射 $f : X \to Y$ が存在する. また, $Y \lesssim Z$ より, 単射 $g : Y \to Z$ が存在する.

f, g は単射だから, 合成写像 $g \circ f : X \to Z$ は単射なので, $X \lesssim Z$.

(3)(4) については追って証明する. □

補足 8. 定理 2.7(3) は**比較定理**と呼ばれ, 証明には整列可能性定理 (§3 定理 3.5) を用いる. 後に, 定理 3.11 として証明される.

また, 定理 2.7(4) は *Bernstein* **の定理**と呼ばれ, 証明には 自然数 (§5 定義 5.1) を用いる. 後に, 定理 5.11 として証明される.

2.10 配置集合

A と B を集合とする. このとき, A から B への写像の全体を B^A と表記し, これを**配置集合**と呼ぶ.

命題 2.8. A, B, C を集合とし, A と B を互いに素とする. このとき, 集合 $C^{A \amalg B}$ と集合 $C^A \times C^B$ は対等である.

Proof. 写像 $\varphi : C^{A \amalg B} \to C^A \times C^B$ を

$$\varphi(f) = (f|_A, f|_B), \quad (f \in C^{A \amalg B})$$

で定めれば, φ は集合 $C^{A \amalg B}$ から集合 $C^A \times C^B$ への全単射となる. □

問題 1. 上の証明において, φ が全単射であることを示せ.

2.11 有限集合

有限集合の特徴づけ

命題 2.9. 集合 X について, 以下は同値:

(1) X の真部分集合で X と対等なものは存在しない.

(2) X から X への単射は必ず全単射になる.

Proof. (2) ⇒ (1): S を X の真部分集合で, $f : X \to S$ を全単射とする. このとき, 写像 $\iota : S \ni x \mapsto x \in X$ は単射なので, 合成写像 $\iota \circ f : X \to X$ は単射だが全単射でない.

(1) ⇒ (2): $f : X \to X$ を全射でない単射とする. 像を $S := f(X)$ とおけば, S は真部分集合で, X と全単射を持つ. □

定義 2.3. 集合 X が上のいずれか (したがって両方) を満たすとき, X を**有限集合**と呼ぶ. 集合 X が有限集合でないとき, X を**無限集合**と呼ぶ.

命題 2.10. $A \lesssim X$ で, X が有限集合であれば, 集合 A も有限集合である.

Proof. $f : A \to A$ を任意の単射とする. いま, $A \lesssim X$ だから 単射 $g : A \to X$ が存在する. このとき, 写像 $A \ni a \mapsto g(a) \in g(A)$ を g_0 とおき, 写像 $h : X \to X$ を

$$h(x) = \begin{cases} x & (x \notin g(A)\ ), \\ g_0(f(g_0^{-1}(x))) & (x \in g(A)\ ) \end{cases}$$

と定めると, $g_0 : A \to g(A)$ は全単射なので, $g_0^{-1} : g(A) \to A$ は全単射になり, h は単射である. しかし, X は有限集合だから, h は全単射である. したがって, $g_0 \circ f \circ g_0^{-1} : g(A) \to g(A)$ も全単射. ゆえに, $f : A \to A$ も全単射である. □

問題 2. 上の証明において,

(1) $g_0 : A \to g(A)$ が全単射であることを示せ.

(2) $h : X \to X$ が単射であることを示せ.

命題 2.11. 空集合 $\varnothing$ は有限集合である.

Proof. 空集合 $\varnothing$ から $\varnothing$ への写像はそもそも空写像しかないが, これは明らかに全単射である. □

命題 2.12. X を有限集合とし, $a \notin X$ とするとき, $X \cup \{a\}$ は有限集合である.

Proof. $X \cup \{a\}$ が無限集合であると仮定すると, 単射 $f : X \cup \{a\} \to X \cup \{a\}$ で, 全単射でないものが存在する. したがって, $f(X \cup \{a\}) \subsetneq X \cup \{a\}$ となる. ここで, $x_0 := f(a)$ とおく. $g : X \cup \{a\} \to X \cup \{a\}$ を $g(x) = \begin{cases} x & x \neq x_0, a \\ x_0 & x = a \\ a & x = x_0 \end{cases}$ で定める. g は全単射である. $g \circ f : X \cup \{a\} \to X \cup \{a\}$ は全単射でない単射で, $(g \circ f)(a) = a$ を満たす. したがって, これを X に制限して, 写像 $h : X \to X$ を $h(x) = g(f(x))$ で定めれば, $h : X \to X$ は全単射でない単射である. これは X が有限であることに矛盾. □

3 整列順序集合

3.1 半順序集合

定義 3.1. X を集合とする. X 上の二項関係 $\leq$ が**半順序関係**であるとは, 以下を満たすことである:

(1) $\forall x \in X; x \leq x,$ (反射律)

(2) $\forall x, y, z \in X; x \leq y \text{ and } y \leq z \Rightarrow x \leq z,$ (推移律)

(3) $\forall x, y \in X; x \leq y \text{ and } x \geq y \Rightarrow x = y.$ (反対称律)

集合 X と半順序関係 $\leq$ を組にして $(X; \leq)$ を**半順序集合**と呼ぶ. また, 半順序関係 $\leq$ がさらに次を満たすとき, $\leq$ を**全順序関係**と呼ぶ:

(4) $\forall x, y \in X; x \leq y \text{ or } x \geq y.$ (比較律)

集合 X と全順序関係 $\leq$ の組 $(X; \leq)$ を**全順序集合**と呼ぶ.

定義 3.1 の条件 (1)(2)(3) は特に基本的であり, 今後は断りなしに用いる.

- $x \leq y$ を $y \geq x$ とも表記する.
- $x \leq y$ and $x \neq y$ を $x < y$ とも表記する.
- $x < y$ を $y > x$ とも表記する.
- 必要に応じて, $\leq$ 以外にも $\preceq$ など他の記号を用いることもある.

例 3.1. Ω を集合とするとき, $(2^{\Omega}; \subseteq)$ は半順序集合である. Ω が複数の元を含むとき, これは全順序集合でない.

例えば, $\Omega = \{x, y\}$ の場合は右のような図になる.
このような図を *Hasse* **(ハッセ) 図**と呼ぶ.

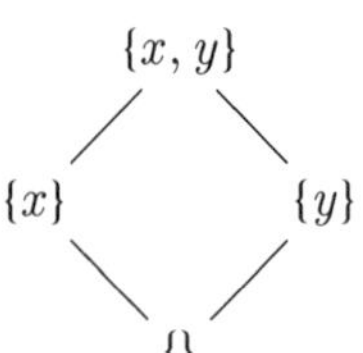

例 3.2. 集合 X を $X := \{a, b, c\}$ と定める.

X 上の二項関係 $\leq$ を右の表で定めると, $\leq$ は X 上の半順序関係であり, $(X; \leq)$ は半順序集合である.

$\leq$	a	b	c
a	T	T	T
b	F	T	T
c	F	F	T

c

b

a

X 上の二項関係 $\leq$ を右の表で定めると, $\leq$ は X 上の半順序関係であり, $(X;\leq)$ は半順序集合である.

$\leq$	a	b	c
a	T	T	F
b	F	T	F
c	F	F	T

X 上の二項関係 $\leq$ を右の表で定めると, $\leq$ は X 上の半順序関係であり, $(X;\leq)$ は半順序集合である.

$\leq$	a	b	c
a	T	F	T
b	F	T	T
c	F	F	T

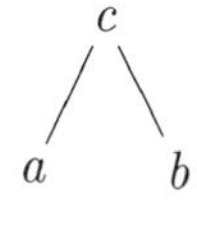

例 3.3. 集合 X を $X := \{a, b, c, d\}$ と定める.

X 上の二項関係 $\leq_1$ を右の表で定めると, $\leq_1$ は X 上の半順序関係であり, $(X;\leq_1)$ は半順序集合である. これは全順序集合でもある.

$\leq_1$	a	b	c	d
a	T	T	T	T
b	F	T	T	T
c	F	F	T	T
d	F	F	F	T

X 上の二項関係 $\leq_2$ を右の表で定めると, $\leq_2$ は X 上の半順序関係であり, $(X;\leq_2)$ は半順序集合である.

$\leq_2$	a	b	c	d
a	T	T	F	F
b	F	T	F	F
c	F	F	T	F
d	F	F	F	T

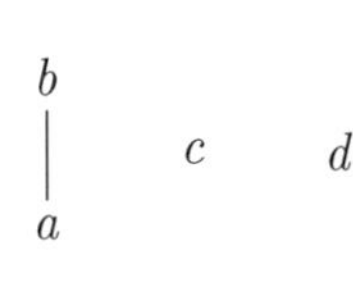

X 上の二項関係 $\leq_3$ を右の表で定めると, $\leq_3$ は X 上の半順序関係であり, $(X;\leq_3)$ は半順序集合である.

$\leq_3$	a	b	c	d
a	T	T	T	T
b	F	T	F	T
c	F	F	T	T
d	F	F	F	T

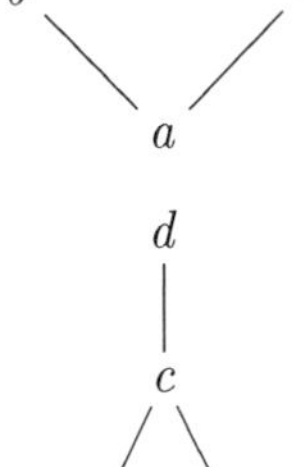

X 上の二項関係 $\leq_4$ を右の表で定めると, $\leq_4$ は X 上の半順序関係であり, $(X;\leq_4)$ は半順序集合である.

$\leq_4$	a	b	c	d
a	T	F	T	T
b	F	T	T	T
c	F	F	T	T
d	F	F	F	T

3.2 順序を保つ写像

定義 3.2. $(X;\leq)$ と $(Y;\leq)$ を半順序集合とする. このとき, 写像 $\varphi: X \to Y$ が**順序を保つ写像**であるとは,

$$\forall x_1, x_2 \in X; x_1 \leq x_2 \Rightarrow \varphi(x_1) \leq \varphi(x_2)$$

が成り立つことである. また, 順序を保つ写像 $\varphi: X \to Y$ について,

- φ が単射であるとき, **順序を保つ単射**,
- φ が全射であるとき, **順序を保つ全射**,
- φ が全単射であるとき, **順序を保つ全単射**

という.

例 3.4. 例 3.1 の半順序集合 $(2^{\{x,y\}};\subseteq)$ から例 3.3 の半順序集合 $(X;\leq_1)$ への写像 φ を $\varphi(\{\}) = a, \varphi(\{x\}) = b, \varphi(\{y\}) = c, \varphi(\{x,y\}) = d$ で定めれば, φ は順序を保つ全単射である.

例 3.5. 例 3.1 の半順序集合 $(2^{\{x,y\}};\subseteq)$ から例 3.3 の半順序集合 $(X;\leq_1)$ への写像 φ を $\varphi(\{\}) = a, \varphi(\{x\}) = c, \varphi(\{y\}) = b, \varphi(\{x,y\}) = d$ で定めれば, φ は順序を保つ全単射である.

例 3.6. 例 3.3 の半順序集合 $(X;\leq_1)$ から例 3.1 の半順序集合 $(2^{\{x,y\}};\subseteq)$ への写像 φ を $\varphi(a) = \{\}, \varphi(b) = \{x\}, \varphi(c) = \{y\}, \varphi(d) = \{x,y\}$ で定めれば, φ は全単射だが順序を保たない.

例 3.7. 例 3.1 の半順序集合 $(2^{\{x,y\}};\subseteq)$ から例 3.3 の半順序集合 $(X;\leq_3)$ への写像 φ を $\varphi(\{\}) = a, \varphi(\{x\}) = b, \varphi(\{y\}) = c, \varphi(\{x,y\}) = d$ で定めれば, φ は順序を保つ全単射である.

例 3.8. 例 3.1 の半順序集合 $(2^{\{x,y\}};\subseteq)$ から例 3.3 の半順序集合 $(X;\leq_3)$ への写像 φ を $\varphi(\{\}) = a, \varphi(\{x\}) = c, \varphi(\{y\}) = b, \varphi(\{x,y\}) = d$ で定めれば, φ は順序を保つ全単射である.

定理 3.1. X と Y を全順序集合とし, $\varphi: X \to Y$ とする. このとき, 以下は同値である:

(1) φ は順序を保つ単射である.

(2) φ は, $\forall x_1, x_2 \in X; x_1 < x_2 \Rightarrow \varphi(x_1) < \varphi(x_2)$ を満たす.

Proof. (1) ⇒ (2):　$x_1 < x_2$ とする. このとき, $x_1 \leq x_2$ であるから, (1) より, $\varphi(x_1) \leq \varphi(x_2)$ を得る. いま, $\varphi(x_1) = \varphi(x_2)$ と仮定すると, φ は単射なので, $x_1 = x_2$ となり, これは $x_1 < x_2$ に矛盾. したがって, $\varphi(x_1) \neq \varphi(x_2)$. 以上より, $\varphi(x_1) < \varphi(x_2)$.

(2) ⇒ (1):　(順序を保つこと)　$x_1 \leq x_2$ とする.

- $x_1 = x_2$ の場合:　$\varphi(x_1) = \varphi(x_2)$ である.
- $x_1 < x_2$ の場合:　(2) より, $\varphi(x_1) < \varphi(x_2)$ である.

以上より $\varphi(x_1) \leq \varphi(x_2)$ となるから, φ は順序を保つ.

(単射性)　$\varphi(x_1) = \varphi(x_2)$ とする. $x_1 = x_2$ を示したい.

- $x_1 < x_2$ と仮定すると, (2) より, $\varphi(x_1) < \varphi(x_2)$ となり矛盾.
- $x_1 > x_2$ と仮定すると, (2) より, $\varphi(x_1) > \varphi(x_2)$ となり矛盾.

以上より, $\leq$ の比較律から $x_1 = x_2$ を得る. ゆえに, φ は単射である. □

3.3　順序同型

定義 3.3. X と Y を半順序集合とする. ここで, X から Y への順序を保つ全単射 φ で, φ^{-1} も順序を保つものが存在するとき, X と Y は**順序同型**であるといい, $X \simeq Y$ と表記する.

定理 3.2. X を全順序集合, Y を半順序集合とし, $\varphi : X \to Y$ を順序を保つ全単射とする. このとき,

(1) $\varphi^{-1} : Y \to X$ は順序を保つ全単射である.

(2) Y は全順序集合である.

(3) $X \simeq Y$ である.

Proof. (1)　φ^{-1} が全単射であるのは明らかなので, 順序を保つことだけ示せばよい.

$y_1, y_2 \in Y$ を $y_1 \leq y_2$ となるように任意にとる. ここで, $x_1 := \varphi^{-1}(y_1)$, $x_2 := \varphi^{-1}(y_2)$ とおいて, $x_1 \leq x_2$ を示せばよい.

$x_1 > x_2$ と仮定する. φ は順序を保つ単射だから, $y_1 = \varphi(x_1) > \varphi(x_2) = y_2$. これは, $y_1 \leq y_2$ に矛盾. ゆえに, $x_1 \leq x_2$.

(2)(3)　(1) から明らかである. □

3.4 最小元・最大元

定義 3.4. 半順序集合 $(X;\leq)$ の部分集合 S と元 $m \in X$ について,

- $m \in S$ と $\forall s \in S; m \leq s$ を満たすとき, m を S **の最小元**,
- $m \in S$ と $\forall s \in S; s \leq m$ を満たすとき, m を S **の最大元**

と呼ぶ.

命題 3.3. $(X;\leq)$ を半順序集合とし, S を X の部分集合とする. このとき, 以下が成り立つ:

(1) S の最小値は一意的である.

(2) S の最大値は一意的である.

Proof. (1) $m, m' \in S$ がそれぞれ,

(a) $\forall s \in S; m \leq s$; (b) $\forall s \in S; m' \leq s$;

を満たすとする. このとき,

- $m \in S$ と (b) より, $m' \leq m$.
- $m' \in S$ と (a) より, $m \leq m'$.

したがって, $m = m'$ である.

(2) (1) と同様である. □

ここで, 最小値・最大値が存在するとは主張していないことに注意せよ. S の最小元が存在するとき, これを $\min S$ と表記する. 同様に, S の最大元が存在するとき, これを $\max S$ と表記する.

例 3.9. 例 3.3 の半順序集合 $(X;\leq_4)$ において, $\max\{a, b, c\} = c$ であるが, $\min\{a, b, c\}$ は定義されない.

3.5 整列順序集合

定義 3.5. 集合 X 上の半順序関係 $\leq$ が**整列順序関係**であるとは，以下を満たすことである:

(5) $\forall S \subseteq X; S \neq \varnothing \Rightarrow S$ は最小元を持つ (整列性)

集合 X と整列順序関係 $\leq$ を組にして $(X; \leq)$ を**整列順序集合**と呼ぶ.

補足 9. 空でない部分集合 S の最大元は存在しなくてもよい.

命題 3.4. 整列順序関係は全順序関係である.

Proof. 比較律を確認すればよい. $a, b \in X$ を任意にとる. $S := \{a, b\}$ とおけば，これは空でないので，整列性から S の最小元が存在する. したがって，$\min S = a$ または $\min S = b$ が成り立つ. いま，

- $a = \min S$ であれば，$a \leq b$.
- $b = \min S$ であれば，$b \leq a$.

以上より，比較律が成り立つので，$\leq$ は全順序関係である. □

逆は成り立たない. つまり，全順序は必ずしも整列順序ではない.

例 3.10. 例 3.3 の半順序集合 $(X; \leq_1)$ は整列順序集合である.

例 3.11. 自然数の集合 $\mathbb{N}$ は，通常の順序関係 $\leq$ のもとで，$(\mathbb{N}; \leq)$ は整列順序集合である.

例 3.12. 整数の集合 $\mathbb{Z}$ は，通常の順序関係 $\leq$ のもとで，$(\mathbb{Z}; \leq)$ は整列順序集合でない全順序集合である.

次の定理は整列可能性定理と呼ばれ基本的な定理であるが，本書ではその証明を与えない. 証明こそしないが，その直観的な意味は要するに，

どんな集合も，<u>その元を全て順に一列に並べる</u>ことができる

ということである. 本書では，これを**整列させる**という.

整列可能性定理

定理 3.5. X を集合とする. このとき，X 上の整列順序関係が存在する.

補足 10. 集合 X 上には，一般に複数の整列順序関係が存在する. これは，集合 X の整列のさせ方が複数あることを意味する.

3.6 切片

補題 3.6. X を整列順序集合とする. $\varphi: X \to X$ を順序を保つ単射とする. このとき, $\forall x \in X; x \leq \varphi(x)$ が成り立つ.

Proof. $S := \left\{x \in X \,\middle|\, x > \varphi(x)\right\}$ とおき, $S \neq \varnothing$ と仮定する. すると, X の整列性から, S は最小元を持つ. ここで, $m := \min S$, $n := \varphi(m)$ とおけば, $n = \varphi(m) < m$ である. φ は順序を保つ単射だから, $\varphi(n) < \varphi(m) = n$. したがって, $n \in S$. これは m の最小性に矛盾. ゆえに, $S = \varnothing$. □

定義 3.6. $(X; \leq)$ を整列順序集合とする. $a \in X$ に対して,

$$[a] := \left\{x \in X \,\middle|\, x < a\right\}$$

とおく. これを a **による切片**と呼ぶ.

定理 3.7. X を整列順序集合とする.

(1) $a \in X$ とすると X と $[a]$ は順序同型でない.

(2) $a, b \in X$ とすると, $[a]$ と $[b]$ が順序同型になるのは $a = b$ のときに限る.

Proof. (1) 写像 $i: [a] \to X$ を $i(y) = y$ で定めると i は順序を保つ単射であり, 任意の $y \in [a]$ に対して, $i(y) < a$ である.

順序同型写像 $\varphi: X \to [a]$ が存在すると仮定すると, $i \circ \varphi: X \to X$ は順序を保つ単射であるから, 補題 3.6 より, $\forall x \in X; x \leq i(\varphi(x))$. 特に, x として a をとれば, $a \leq i(\varphi(a))$. 一方, $y := \varphi(a)$ とおけば, $y \in [a]$ より, $y < a$. したがって, $i(\varphi(a)) < a$. これは矛盾.

(2) $a < b$ と仮定する. まず, 順序同型写像 $\varphi: [b] \to [a]$ が存在するが, $a \in [b]$ であるから, $\varphi(a) \in [a]$. したがって, $\varphi(a) < a$. これは補題 3.6 に矛盾. 同様に $a > b$ も矛盾. □

補題 3.8. X を Y を整列集合とする. このとき, $x \in X$ とすると, $y \in Y$ s.t. $[x] \simeq [y]$ は一意的である.

Proof. これは定理 3.7(2) から明らか. □

補題 3.9. X と Y を整列順序集合とする.

$$A := \left\{ x \in X \;\middle|\; \exists y \in Y \text{ s.t. } [x] \simeq [y] \right\}$$

とおく. このとき, 以下が成り立つ:

(1) $x \in A$ に対して, $y \in Y$ s.t. $[x] \simeq [y]$ は一意に存在する.
以下, この y を $\varphi(x)$ と表記する ($\varphi : A \to Y$).

(2) A は, X と一致するか X の切片である.

(3) (1) の順序同型は, $\varphi|_{[x]} : [x] \to [\varphi(x)]$ で与えられる.

(4) 写像 $\varphi : A \to Y$ は順序を保つ単射である.

(5) $\varphi(A)$ は, Y と一致するか Y の切片である.

Proof. (1) $x \in A$ とすると, 補題 3.8 より, $y \in Y$ s.t. $[x] \simeq [y]$ が一意に存在する.

この y を $\varphi(x)$ とおこう. こうして, 写像 $\varphi : A \to Y$ が定まる.

(2) $x' < x \in A$ を任意に取る. $x' \in A$ を示せば良い. $x \in A$ であるから, 順序同型写像 $\psi_x : [x] \to [\varphi(x)]$ が存在する. $[x'] \subseteq [x]$ であるから,

$$\psi_x|_{[x']} : [x'] \to [\psi_x(x')] \tag{3.1}$$

は順序同型写像である. 特に, $x' \in A$ が言える.

(3) (3.1) と定理 3.7(2) から, $\psi_x(x') = \varphi(x')$ と言える. つまり,

$$\forall x', x; x' < x \in A \Rightarrow \psi_x(x') = \varphi(x').$$

したがって, $\varphi|_{[x]} = \psi_x$.

(4) $x_1, x_2 \in A$ s.t. $x_1 < x_2$ を任意に取る. (3) より, $\varphi|_{[x_2]} : [x_2] \to [\varphi(x_2)]$ は順序同型写像である. いま, $x_1 \in [x_2]$ より, $\varphi(x_1) = \varphi|_{[x_2]}(x_1) \in [\varphi(x_2)]$ である. したがって, $\varphi(x_1) < \varphi(x_2)$ である.

(5) $Y \ni w < y \in \varphi(A)$ として, $w \in \varphi(A)$ を言えばよい. $\varphi : A \to \varphi(A)$ は全単射で $y \in \varphi(A)$ であるから, $\varphi^{-1}(y) \in A$ である. いま, $x := \varphi^{-1}(y) \in A$ とおけば, 順序同型写像 $\varphi|_{[x]} : [x] \to [y]$ が得られる. $w \in [y]$ であるから, $z := \varphi|_{[x]}^{-1}(w) \in [x]$ とおけば, $w = \varphi|_{[x]}(z) = \varphi(z) \in \varphi(A)$. □

3.7 比較定理

比較定理 (整列順序集合版)

定理 3.10. $(X;\leq)$ と $(Y;\leq)$ を整列順序集合とする. このとき, 以下のいずれかひとつが成り立つ:

(1) $(X;\leq)$ は $(Y;\leq)$ の切片と順序同型.

(2) $(X;\leq)$ は $(Y;\leq)$ と順序同型.

(3) $(Y;\leq)$ は $(X;\leq)$ の切片と順序同型.

Proof. 部分集合 $A \subseteq X$ と順序を保つ単射 $\varphi : A \to Y$ を補題 3.9 の通り取る.

A が X の切片で, $\varphi(A)$ が Y の切片であると仮定する. このとき,

- $x_0 := \min\left\{x \in X \,\middle|\, x \notin A\right\}$,
- $y_0 := \min\left\{y \in Y \,\middle|\, x \notin \varphi(A)\right\}$

とおくと, $[x_0] \simeq A, [y_0] \simeq \varphi(A)$ となる. $A \simeq \varphi(A)$ であるから, $[x_0] \simeq [y_0]$. よって, $x_0 \in A$. これは矛盾. ゆえに, 補題 3.9 (2)(5) から主張が従う. □

懸案だった比較定理を証明しよう.

比較定理 (集合版)

定理 3.11. X と Y を集合とする. このとき, 以下のいずれかが成り立つ:

(1) X から Y への単射が存在する.

(2) Y から X への単射が存在する.

Proof. 整列可能性定理 (定理 3.5) を用いて, X と Y を整列させる. すると, 定理 3.10 の (1)(2)(3) のいずれか一つが成り立つ. このとき, (1) または (2) が成り立つならば X から Y への単射が, (3) が成り立つならば Y から X への単射が存在する. □

補足 11. これで定理 2.7(3) の証明が与えられた.

3.8 整列順序集合の性質

補題 3.12. $(X; \leq)$ は整列順序集合で,

- X は空でない,
- X は最大元を持たない

とする. このとき, 以下が成り立つ:

(1) 任意の $x \in X$ について, $\left\{ y \in X \,\middle|\, x < y \right\} \neq \varnothing$.

(2) 各 $x \in X$ に対して, $\sigma(x) := \min \left\{ y \in X \,\middle|\, x < y \right\}$ とおくと, 写像 $\sigma : X \to X$ は単射である.

(3) $0_X := \min X$ とおくと, 0_X は σ の像に入らない. 特に, 写像 $\sigma : X \to X$ は全単射でない.

Proof. (1) 最大元が存在しないので, $\forall x \in X; \exists y \in X$ s.t. $x < y$ となる. したがって, 任意の $x \in X$ に対して, $\left\{ y \in X \,\middle|\, x < y \right\} \neq \varnothing$ である.

(2) $\sigma(x) = \sigma(y)$ とする. $x \neq y$ と仮定する. このとき, 比較律より, (a): $x < y$ と (b): $x > y$ のいずれかが成り立つ. (a) が成り立つとすると, $y \in \left\{ z \in X \,\middle|\, x < z \right\}$ であるので, $y \geq \sigma(x)$ となる. $y < \sigma(y)$ であるから, $\sigma(y) > \sigma(x)$. これは $\sigma(x) = \sigma(y)$ に矛盾. (b) も同様に矛盾である.

(3) $0 = \sigma(x)$ $(x \in X)$ と書けるとすると, $x < 0$ となってしまい, 0 の最小性に矛盾する. □

定義 3.7. $(X; \leq)$ は整列順序集合で,

- X は空でない,
- X は最大元を持たない

とする. このとき, 補題 3.12 で定まる

- $0 \in X$ を**ゼロ**,
- $\sigma : X \to X$ を**後継者写像**

と呼ぶ. また, $x \in X$ に対して, $\sigma(x)$ を x **の後継者**と呼ぶ.

3.9 有限整列順序集合

保存性

定理 3.13. X を有限集合とする．このとき，$\leq_1, \leq_2$ を X 上の整列順序関係とすると，$(X;\leq_1)$ と $(X;\leq_2)$ は順序同型である．

Proof. 整列順序集合の比較定理より，

(1) $(X;\leq_1)$ は $(X;\leq_2)$ の切片と順序同型,

(2) $(X;\leq_1)$ は $(X;\leq_2)$ と順序同型,

(3) $(X;\leq_2)$ は $(X;\leq_1)$ の切片と順序同型

のいずれか一つが成り立つ．しかし，X は有限集合だから，(1)(3) はありえない．ゆえに，$(X;\leq_1)$ は $(X;\leq_2)$ と順序同型である． □

補足 12. 一方，X が無限集合のとき，X 上の整列順序関係は一意でない．

命題 3.14. $(X;\leq)$ を空でない有限整列順序集合とすると，X は最大元を持つ．すなわち，$\forall x \in X; x \leq m$ を満たす $m \in X$ が存在する．

Proof. 最大元がないと仮定すると，補題 3.12 より全単射でない単射 $\sigma : X \to X$ が得られる．これは有限性に矛盾．ゆえに，X は最大元を持つ． □

4 単元「なかまあつめ」

この単元は第一学年第一学期 4 月の最初の 1 週間 に配当される．
単元「なかまあつめ」の数学的目標は,

(1) 集合の内包的定義 (2) 写像 (3) 整列可能定理 (4) 集合の比較

の習得である．これらはいずれも集合論に属す内容であり,

「なかまあつめ」の学習 = 集合論の学習

と言える．これを単元「なかまあつめ」の立場から眺めたい．次の絵を見て考えよう．

— 蛙と葉っぱ —

(1):集合の内包的定義　児童にとって, 集合概念を習得することは, 絵の中から蛙の集合を作れること, あるいは, 蓮の葉の集合を作れることを意味する. 個々の元ごとに, それが蛙の集合に属すか否かが判断できることが問われる.

(2):写像　児童にとって, 写像概念を習得することは, 例えば, 各蛙に蓮の葉を対応させることを意味する. 「対応させる」という行為ができているかが問われる.

(3):整列可能定理　一対一の対応を作るときの工夫として利用される. 蛙や葉っぱを一列に並べることを意味する. 注目している集合を整列させて (その集合に整列順序関係を入れて) 比較しやすくする工夫ができるかが問われる.

(4):集合の比較　例えば, 蛙の集合と葉っぱの集合の間の 1 対 1 の対応関係を作ること, およびそこから, その多寡を判断することである. 上の図において, 蛙と葉っぱのどちらが多いか判断することがそうである.

演習問題

集合 $X := \{$ 太郎, 一郎, 花子 $\}$ と $Y := \{$ 男, 女 $\}$ を考える.

問題 3. 集合 X 上の以下の二項関係を全て求めよ:

(1) X 上の整列順序 (全順序) 関係.

(2) X 上の半順序関係.

(3) X 上の同値関係.

問題 4. 集合 X と集合 Y を比較せよ.

(1) 並べずに比較し, $X \gtrsim Y$ を示せ.

(2) 並べて比較し, $X \gtrsim Y$ を示せ.

第 II 部
自然数の導入

5 整列順序集合—再論—

5.1 ω 型の整列順序集合

定義 5.1. 整列順序集合 $(X;\leq)$ が

(1) $X \neq \varnothing$,

(2) $\forall x \in X; [x]$ は有限集合,

(3) $\forall x \in X; \exists y \in X$ s.t. $x < y$

を満たすとき, X を (本書では) ω **型の整列順序集合**と呼ぶ.

定理 5.1. 任意の ω 型の整列順序集合は順序同型である.

Proof. $(X_1;\leq_1)$ と $(X_2;\leq_2)$ を ω 型の整列順序集合とする. 比較定理より,

(1) $\exists x_2 \in X_2; X_1 \simeq [x_2]$, (2) $X_1 \simeq X_2$, (3) $\exists x_1 \in X_1; [x_1] \simeq X_2$

のいずれかが成り立つ. (1) が成り立つ場合, X_2 は ω 型の整列順序集合だから, $[x_2]$ は有限集合である. $X_1 \simeq [x_2]$ であるから, X_1 は有限集合である. X_1 は有限整列順序集合だから, 命題 3.14 より, 最大元を持つ. これは, X_1 が ω 型の整列順序集合であることに矛盾する. 同様に (3) も矛盾を導く. ゆえに, (2) が成り立つ. □

定義 5.2. ω 型の整列順序集合を今後は $\mathbb{N}$ と表記し, その整列順序関係を $\leq$ と表記することにする. $\mathbb{N}$ の元を**自然数**と呼ぶ. また, $\mathbb{N}$ の最小元 0 を**ゼロ**と呼ぶ.

命題 5.2. $\mathbb{N}$ は無限集合である.

Proof. 有限であると仮定すると, 命題 3.14 より最大元を持つが, これは定義の (2) に矛盾する. □

次の命題が示すとおり, ゼロ以外の元は別の元の後継者である.

命題 5.3. $n \in \mathbb{N}, n \neq 0$ とすると, 以下が成り立つ:

(1) $[n]$ は空でない.

(2) $n = \sigma(\max[n])$.

Proof. (1) $n \neq 0$ より $0 < n$ であるから, $0 \in [n]$. 特に, $[n]$ は空でない.

(2) 定義 5.1 (2) より $[n]$ は有限集合であり, (1) より $[n]$ は空でないので, 命題 3.14 より, $[n]$ は最大元を持つ. $m := \max[n]$ とおく. $m < n$ であるから, $\sigma(m) \leq n$ であるが, $\sigma(m) < n$ と仮定すると, $\sigma(m) \in [n]$ となってしまい, これは m の最大性に矛盾. したがって, $\sigma(m) = n$ である. □

5.2 基数と順序数

定理 5.4. X を有限集合とする. このとき, $X \sim [n]$ となる $n \in \mathbb{N}$ が一意に存在する.

Proof. X を整列させて有限整列順序集合 $(X; \leq)$ を考える. このとき, 比較定理から,

(1) $\exists! n \in \mathbb{N}$ s.t. $(X; \leq) \simeq [n]$,

(2) $(X; \leq) \simeq (\mathbb{N}; \leq)$,

(3) $\exists! x \in X$ s.t. $[x] \simeq (\mathbb{N}; \leq)$

のいずれかが成り立つ.

(2) と仮定すると, $\mathbb{N}$ が有限集合となってしまい, 命題 5.2 に矛盾する.

(3) と仮定すると, 命題 3.14 から $(\mathbb{N}; \leq)$ が最大元を持つことになってしまい, これは $\mathbb{N}$ の定義 (2) に矛盾する.

以上より, (1) が成り立つ. □

補足 13. この定理は**数える**という行為をあらわしている. 脳内に $[n]$ という数えるための (有限整列順序) 集合を用意し, それを順序同型を作ることにより, X の濃度を測る. この行為こそが数えるということの本質である.

定義 5.3. 有限集合 X に対して, $n \in \mathbb{N}$ s.t. $X \sim [n]$ を用いて,

$$|X| := n$$

とおき, これを **X の濃度**と呼び, n を**基数**[*]), また, このときの $[n]$ に属す各元を**順序数**と呼ぶ.

[*]) 算数教育学ではこれを**集合数**と呼ぶが, 本書ではこの用語を用いない.

次は明らかである:

命題 5.5. 任意の $n \in \mathbb{N}$ に対して, $|[n]| = n$ となる.

命題 5.6. X, Y が有限集合であるとき, 以下は同値:

(1) $X \sim Y$.

(2) $|X| = |Y|$.

Proof. まず, X, Y は有限集合だから $|X|, |Y|$ が定義できることに注意する. $n := |X|$ とおく. したがって, $[n] \sim X$.

(1) ⇒ (2): (1) より $X \sim Y$ なので, $[n] \sim Y$. したがって, $|Y| = n$. ゆえに, $|X| = |Y|$.

(2) ⇒ (1): (2) より $|Y| = n$ なので, $[n] \sim Y$. したがって, $X \sim Y$. □

命題 5.7. 以下が成り立つ:

(1) $|\varnothing| = 0$ である.

(2) X を有限集合とし, $a \notin X$ とするとき, $|X \cup \{a\}| = \sigma(|X|)$.

Proof. (1) $[0] = \varnothing$ であるから, $|\varnothing| = 0$ である.

(2) $n := |X|$ とおく. このとき, 全単射 $f : [n] \to X$ が存在する. いま, $g : [\sigma(n)] \to X \cup \{a\}$ を

$$g(m) = \begin{cases} f(m) & m < n \\ a & m = n \end{cases} \quad (m \in [\sigma(n)])$$

で定めれば, 明らかに g は全単射である. したがって, $|X \cup \{a\}| = \sigma(n)$. □

5.3 ペアノの公理

ペアノの公理

定理 5.8. 元 $0 \in \mathbb{N}$ と写像 $\sigma : \mathbb{N} \to \mathbb{N}$ は以下を満たす:

(1) $\sigma : \mathbb{N} \to \mathbb{N}$ は単射である.

(2) $0 \notin \sigma(\mathbb{N})$ が成り立つ.

(3) $\mathbb{N}$ の部分集合 S が, $\begin{cases} 0 \in S, \\ \sigma(S) \subseteq S \end{cases}$ を満たすならば, $S = \mathbb{N}$.

Proof. 前半は明らか. また, (1)(2) は補題 3.12 から従う.

(3) $\mathbb{N}$ の部分集合 S が $\begin{cases} 0 \in S, \\ \sigma(S) \subseteq S \end{cases}$ を満たすとする. $S \neq \mathbb{N}$ と仮定する. このとき, $S^c \neq \emptyset$ であるから, 整列性より, S^c は最小元を持つ. $n := \min S^c$ とおく. $n \in S^c$ であるが, S への仮定から $0 \in S$ なので, $n \neq 0$ である. したがって, 命題 5.3 より, $n = \sigma(\max[n])$ である. いま, n の最小性から $\max[n] \in S$ であるが, S への仮定から $\sigma(\max[n]) \in S$ となる. したがって, $n \in S$ が導かれ, 矛盾を得る. 以上より, $S = \mathbb{N}$ である. □

定理 5.8 の (1)(2)(3) を**ペアノの公理**と呼ぶ. 特に (3) を**数学的帰納法の原理**と呼ぶ. 我々が高校以来見慣れている数学的帰納法は次の形であろう:

数学的帰納法

定理 5.9. 自然数 n に関する条件 $P(n)$ が与えられたとする. このとき,

$$\begin{cases} P(0) \\ \forall n \in \mathbb{N}; P(n) \Rightarrow P(\sigma(n)) \end{cases}$$

が成り立つならば $\forall n \in \mathbb{N}; P(n)$ が成り立つ.

Proof. $S := \left\{ n \in \mathbb{N} \;\middle|\; P(n) \right\}$ とおく. このとき, $n \in S \Leftrightarrow P(n)$ なので, 仮定を書き替えれば, $\begin{cases} 0 \in S \\ \forall n \in \mathbb{N}; n \in S \Rightarrow \sigma(n) \in S \end{cases}$ となる. したがって, 定理 5.8(3) より, $\mathbb{N} = S$. ゆえに, $\forall n \in \mathbb{N}; P(n)$. □

これは最も基本的な帰納法であるが, 実際には様々はバリエーションがある. 我々は後に多重帰納法を見ることになるだろう.

5.4 自励漸化式系

定義 5.4. 集合 X と, X から X 自身への写像 $f : X \to X$ が与えられたとき, これらの組 $(X; f)$ を**自励漸化式系**と呼ぶ. 写像 f を**自励漸化式**と呼ぶ.

自励漸化式系は視覚化できる (半具体物[7]). 具体的には,

- X の元をすべて「点」として描く,
- X の各元 x から元 $f(x)$ へ向けて「矢印」を描く

という手順により視覚化される. 例えば次のような図が得られる:

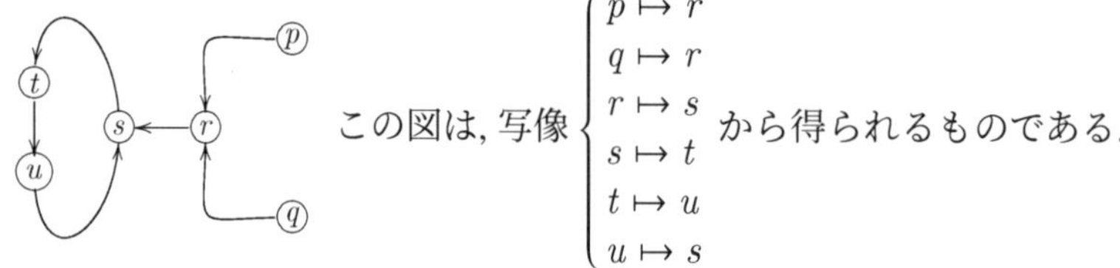

この図は, 写像 $\begin{cases} p \mapsto r \\ q \mapsto r \\ r \mapsto s \\ s \mapsto t \\ t \mapsto u \\ u \mapsto s \end{cases}$ から得られるものである.

例 5.1. 自励漸化式系の例をいくつか挙げよう:

(1) 漸化式が全単射でないもの. (2) 漸化式が全単射のもの.

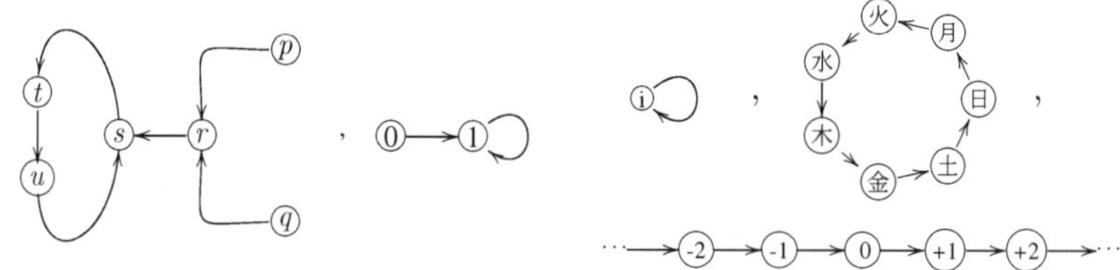

(3) 漸化式が全単射でないが単射. (4) 漸化式が全単射でないが全射.

[7] '半具体物': 教育学用語. 事象と数学的対象の中間に位置するが, 一定の明確性を持っているので, 事象ほど不明瞭でない. 一定の節度の下で, 数学的対象と適切に対応することが求められる. りんごを丸であらわすときの丸や, 関数をグラフであらわすときのグラフ, 黒板に描画された '直線' などは半具体物の代表例である. とはいえ, 厳密な意味では数学的対象でないので, 証明に用いることはできない.

5.5 帰納的定義の原理

帰納的定義の原理

定理 5.10. 自励漸化式系 $(X;f)$ と $a \in X$ が与えられたとする. このとき, ペアノシステム $(\mathbb{N};0,\sigma)$ から自励漸化式系 $(X;f)$ への写像 $\varphi : \mathbb{N} \to X$ で,

$$\begin{cases} \varphi(0) = a & & \text{(初項 (初期条件))} \\ \varphi(\sigma(n)) = f(\varphi(n)) & (n \in \mathbb{N}) & \text{(自励漸化式)} \end{cases} \tag{5.1}$$

を満たすものが一意に存在する.

Proof. 直積集合 $\mathbb{N} \times X$ の部分集合 Γ を $\Gamma := \bigcap_{\Delta} \Delta$ で定める. ここで, Δ は $\mathbb{N} \times X$ の部分集合で,

$$\begin{cases} (0, a) \in \Delta \\ (n, x) \in \Delta \Rightarrow (\sigma(n), f(x)) \in \Delta, \qquad ((n, x) \in \mathbb{N} \times X) \end{cases} \tag{*}$$

を満たすものの全体を動くものとする. Γ の定義より, Γ 自体も (*) を満たすことに注意する. つまり, Γ は (*) を満たす Δ たちの中で最小である.

さて, $\forall n \in \mathbb{N}; \exists! x \in X; (n, x) \in \Gamma$ を示そう. $\mathbb{N}$ についての条件 P を

$$P(n) :\Leftrightarrow \exists! x \in X; (n, x) \in \Gamma \qquad (n \in \mathbb{N})$$

で定めよう.

- $P(0)$: 任意の Δ について $(0, a) \in \Delta$ だから, $(0, a) \in \Gamma$. したがって, $\exists x \in X$ s.t. $(0, x) \in \Gamma$. 次に, $x \neq a$ で $(o, x) \in \Gamma$ となるものがあったとすると, $\Gamma' := \Gamma \setminus \{(0, x)\}$ とおけば Γ' も (*) を満たす. これは Γ の最小性に矛盾. したがって, $x \in X$ s.t. $(0, x) \in \Gamma$ は一意に存在する.

- $P(n) \Rightarrow P(\sigma(n))$: 仮定 $P(n)$ より, $(n, b) \in \Gamma$ となる $b \in X$ が一意に存在する. まず, 任意の Δ について $(\sigma(n), f(b)) \in \Delta$ だから, $(\sigma(n), f(b)) \in \Gamma$. したがって, $\exists x \in X; (\sigma(n), x) \in \Gamma$. 次に, $x \neq f(b)$ で $(\sigma(n), x) \in \Gamma$ となるものがあったとすると, $\Gamma' := \Gamma \setminus \{(\sigma(n), x)\}$ とおけば Γ' も (*) を満たす. これは Γ の最小性に矛盾. したがって, $(\sigma(n), x) \in \Gamma$ となる $x \in X$ は一意に存在する.

したがって, 数学的帰納法より, $\forall n \in \mathbb{N}; \exists! x \in X; (n, x) \in \Gamma$ が成り立つ. ゆえに, この Γ をグラフに持つ写像 $\varphi : \mathbb{N} \to X; (n, \varphi(n)) \in \Gamma$ が一意に存在する. □

以上の証明は初読の際は読み飛ばしてよい.

補足 14. 帰納的定義のことを再帰的定義ともいう. 帰納的定義という呼称は, 数学的帰納法に基づいて φ が定まることに由来する.

$\varphi(n)$ を x_n とおいて数列のようにあらわせば, 式 (5.1) は

$$\begin{cases} x_0 = a & \text{(初項 (初期条件))} \\ x_{\sigma(n)} = f(x_n) \quad (n \in \mathbb{N}) & \text{(自励漸化式)} \end{cases}$$

となり, 初期条件つきの自励漸化式であることが明確になる. 定理 5.10 は, 初項 (初期条件) と自励漸化式が与えられれば数列が定まる, と主張している.

補足 15. 「自励」漸化式というのは, 漸化式が n には依存しないことを意味する. 例えば, $x_{\sigma(n)} = 2nx_n$ のような漸化式は自励漸化式ではないが, このような漸化式は本書では必要ない.

5.6 Bernstein の定理

懸案だった Bernstein の定理を証明しよう.

Bernstein の定理

定理 5.11. A, B を集合とし, $f : A \to B$ と $g : B \to A$ を単射とする. このとき, $A \sim B$.

Proof. A の部分集合列 $(C_n)_{n\in\mathbb{N}}$ を初期値付き漸化式 $\begin{cases} C_0 = A \setminus g(B) \\ C_{\sigma(n)} = g(f(C_n)) \end{cases}$ で定める. この和集合を $C := \bigcup_{n\in\mathbb{N}} C_n$ とおくと, 写像 f と g の単射性から, 写像 $h : A \to g(B)$ が

$$h(x) = \begin{cases} g(f(x)) & (x \in C) \\ x & (x \notin C) \end{cases}$$

で定まり, h は全単射である. g の単射性から $g^{-1} : g(B) \to B$ は全単射だから, 合成写像 $g^{-1} \circ h : A \to B$ は全単射である. □

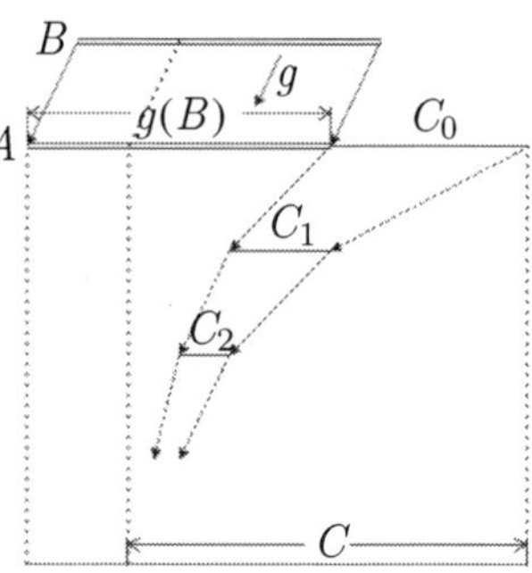

補足 16. これで定理 2.7(4) の証明が与えられた.

5.7 多重帰納法

自然数に関する一変数条件 P について, $\forall n \in \mathbb{N}; P(n)$ を示す数学的帰納法に対して, これを多変数化したものを**多重帰納法**と呼ぶ. 多重帰納法には様々なバージョンがあり, 次はその一つに過ぎない.

定理 5.12. 自然数に関する二変数条件 P が,

- $\forall m \in \mathbb{N}; P(m, 0)$,
- $\forall n \in \mathbb{N}; P(0, n)$,
- $\forall m, n \in \mathbb{N}; P(m, n) \Rightarrow P(\sigma(m), \sigma(n))$

を満たすならば, $\forall m, n \in \mathbb{N}; P(m, n)$ が成り立つ.

Proof.

$$Q(n) :\Leftrightarrow \forall m \in \mathbb{N}; P(m, n)$$

とおく.

- $Q(0)$. 仮定より $\forall m \in \mathbb{N}; P(m, 0)$ なので, $Q(0)$ が成り立つ.
- $Q(n) \Rightarrow Q(\sigma(n))$. $\forall m \in \mathbb{N}; P(m, \sigma(n))$ を示そう.
  - $m = 0$ の場合: 仮定より $P(0, \sigma(n))$ が従う.
  - $m \neq 0$ の場合: このとき, $m = \sigma(m')$ と書ける. $Q(n)$ より $P(m', n)$ であるから, 仮定より $P(m, \sigma(n))$.

  以上より, $Q(\sigma(n))$ が成り立つ.

以上より, $\forall n \in \mathbb{N}; Q(n)$. したがって, $\forall m, n \in \mathbb{N}; P(m, n)$ が成り立つ. □

変数の個数が増えても同様である. 例えば四重帰納法は次のようになる.

定理 5.13. 自然数に関する四変数条件 P が,

- $\forall \ell, m, n \in \mathbb{N}; P(0, \ell, m, n)$,
- $\forall k, \ell, n \in \mathbb{N}; P(k, \ell, 0, n)$,
- $\forall k, m, n \in \mathbb{N}; P(k, 0, m, n)$,
- $\forall k, \ell, m \in \mathbb{N}; P(k, \ell, m, 0)$,
- $\forall k, \ell, m, n \in \mathbb{N}; P(k, \ell, m, n) \Rightarrow P(\sigma(k), \sigma(\ell), \sigma(m), \sigma(n))$

を満たすならば, $\forall k, \ell, m, n \in \mathbb{N}; P(k, \ell, m, n)$ が成り立つ.

問題 5. 四重帰納法を証明せよ.

5.8 digit

個別の自然数を表記するための記号を**数字**と呼ぶ. 特に, 一文字で表記される数字を *digit* (**ディジット**) と呼ぶことにする.

定義 5.5. 順に,

$$1 := \sigma(0), \quad 2 := \sigma(1), \quad 3 := \sigma(2), \quad 4 := \sigma(3), \quad 5 := \sigma(4),$$
$$6 := \sigma(5), \quad 7 := \sigma(6), \quad 8 := \sigma(7), \quad 9 := \sigma(8), \quad \mathtt{A} := \sigma(9)$$

と定める. 読み方は以下の通り:

0	1	2	3	4	5	6	7	8	9
ゼロ	いち	に	さん	よん	ご	ろく	なな	はち	きゅう
れい				し			しち		く

ここまでで定義した $0, 1, 2, \cdots, 8, 9, \mathtt{A}$ は digit である. これらは, 位取り記数法を用いない数の表示である[8]. これに対して我々は通常, 数字として位取り記数法を用いたものを利用する. これは, A 未満の digit を並べたものである[9]. digit 自体は一つの digit を並べたものなので数字とみなす.

以上より, 次が分かる.

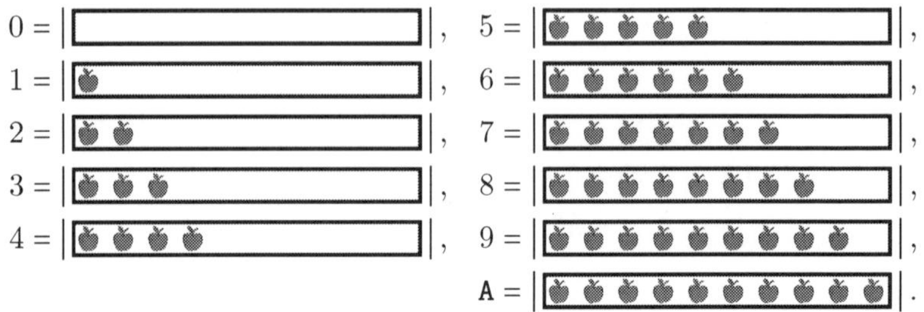

ここまでで, 我々は十一個の digit $(0, 1, 2, 3, 4, 5, 6, 7, 8, 9, \mathtt{A})$ を獲得している. これら以外の自然数には, いまのところ

$$\sigma(\mathtt{A}), \sigma(\sigma(\mathtt{A})), \sigma(\sigma(\sigma(\mathtt{A}))), \cdots$$

などと表記する以外に表示法はない. これらも一種の数字であるが, 日常的には不便なので利用しない.

補足 17. 9 の次の数 $\sigma(9)$ を意味する digit には標準的な文字があるわけではないが, 本書では A を用いている. これは十六進法において $\sigma(9)$ を意味する A から拝借している.

[8]他にも, 漢数字の「十」「百」など, ローマ数字の「X」「L」「C」なども digit である.
[9]例えば 256 という数字は digit 2, 5, 6 の組み合わせで表記される.

6　単元「10 までのかず」〜単元「なんばんめ」

この単元は第一学年第一学期４月〜５月上旬 に配当される.

単元「10 までのかず」単元「なんばんめ」の数学的目標は,

(1) 有限集合　(2) 有限整列順序集合　(3) 自然数

(4) 第一段階の数字　(5) 有限基数　(6) 有限順序数

の習得である.

(1):有限集合　保存性というのは算数教育学で用いられる用語だが, これは

- 有限集合の元の置き方を変えても個数が変わらないこと
- 有限集合は数え方を変えても個数が変わらないこと

を意味する. つまり, 保存性の理解とは有限集合の理解のことである.

(2): 有限整列順序集合　有限整列順序集合を理解することは, 有限個の対象が一列に並んでいる状況を理解することを意味する. ここでは, 単に一列に並んでいるだけではなく「左から右に向かって」「上から下に向かって」という基点の理解も大切である. これは, 数学的には整列順序関係 $\leq$ の理解を意味している.

(3): 自然数　児童にとって, 自然数を理解することは,

(i) 自然数それ自体の理解;

(ii) 有限基数としての側面と有限順序数としての側面の関係性の理解;

を指す.

(i) は, 自然数の基本的な性質として,

- 自然数は存在する;
- どんな自然数についても, それより小さい自然数は有限個しかない;
- どんな自然数についても, それより大きい自然数が存在する;

の理解を指す. これが $\mathbb{N}$ の定義 (定義 5.1) の意味である.

(ii) は, (5) 有限基数と (6) 有限順序数の関係の理解, これはつまり切片 $[n]$ の理解を意味する. 例えば, $[3] = \{0, 1, 2\}$ であるが, このとき, 3 が基数であり, $0, 1, 2$ が順序数である.

(4): 第一段階の数字
自然数をあらわす数字には, 大きく分けて以下の 4 段階がある.

第一段階	$\mathtt{A} = 10_{(\mathtt{A})}$ まで	第一学年一学期
第二段階	$\mathtt{A} \times 2 - 1 = \mathtt{A} + \mathtt{A} - 1 = 19_{(\mathtt{A})}$ まで	第一学年二学期
第三段階	$\mathtt{A}^2 - 1 = \mathtt{A} \times \mathtt{A} - 1 = 99_{(\mathtt{A})}$ まで	第一学年三学期
第四段階	すべての数字	第四学年一学期

本単元で学習する数字は第一段階の数字である. 第一段階の数字とは digit $(0, 1, \cdots, 9, \mathtt{A})$ のことである.

基数としての 0 を教えるのには工夫がいる. 事実, 0 の発見 (発明) は正の自然数よりもだいぶ遅れた[10]. 基本的には「3・2・1・0のルール」に従って指導するのが良い.

指導上のコツ **3・2・1・0のルール** 3から始め, 一つずつ少なくしていき, 最後に 0 の場合を考えさせる方法. 例えば,

- まず, 皿の上の 3 個のリンゴを見せて, 「何個かな」と問う.
  ⟶ 児童は「3 個」と答える.
- 次に一つ取り去って, 「何個かな」と問う.
  ⟶ 児童は「2 個」と答える.
- 再び一つ取り去って, 「何個かな」と問う.
  ⟶ 児童は「1 個」と答える.
- さらに一つ取り去って, 「じゃあ, これは何個かな」と問う.
  ⟶ 児童は答えられない.
- すかさず, 「これが 0 個だよ」と教える.

ここでは, 「皿」がポイント. 「皿の上に何も乗っていない」という視覚情報が重要である*). このように, 0 を指導するときは, 3 から始める3・2・1・0のルールが有効である.

*) 皿が「ある」ことによってリンゴが「ない」ことが伝わる.

補足 18. この方法は応用が広い. 例えば, $x \times 0$ の指導や x^0 の指導の際に利用できる.

[10] 数字 0 の発見 (発明) は, 記述されたものでは, 3 世紀〜4 世紀に記されたとする「バクシャーリー写本」が最古とされる (バクシャーリーは今のパキスタン). ただし, そこではゼロを黒丸「・」で表記している. これに対して, 正の自然数の発見は少なくとも紀元前 3000 年頃 (四大文明の頃) までは遡れる. もっと古いとする説もある.

(5):有限基数 (finite cardinal number)　これについては, (6) 順序数のところで改めて述べることにする.

(6):有限順序数 (finite ordinal number)　順序数を理解することは,

- 整列順序集合の各元を自然数 (有限順序数) によって区別できること

を意味する. 指導上はこれを「○○から□□番目」という表現を用いて学習する. しかし, 実用上ここに大きな問題があって, 我々は, 二種類の数え上げを利用しているのである.

本書ではこれらを排他的数え上げ (exclusive counting)・包括的数え上げ (inclusive counting) と言って区別する[11]. また, これは○○の中に「基点」が入るか「方向」が入るかとも関係している. 右の絵を例に解説したい.

排他的数え上げは 0 から数える数え上げである. ここで, ○○の中には基点が入る. 例えば, 「先頭」とか「ぶた」とか「さる」など基点や基準をあらわす単語が入る.

包括的数え上げは 1 から数える数え上げである. ここで, ○○の中には方向が入ることが多い. 例えば, 「まえ」とか「ひだり」とか「うえ」などと言った方向や指向性をあらわす言葉が入る.

実生活では, 排他的・包括的双方の数え方を, 混乱を許容しながら用いている[12]. このような状況の中で, 算数科としてはどのように扱うべきかということを教師は考えるべきであろう. しかし単元指導の観点から言えば,

大原則：一つの単元の中で, 相反する二つの原理を指導すべきではない

は守った方が良いだろう. 一つの単元の中で両方の数え方を指導すると, 児童は混乱する一方で, 大きな教育効果は期待できない. したがって, 単元「なんばんめ」の中ではどちらか一方の数え上げに絞るべきであるし, 両者が混在する数え上げは避けるべきだと言える.

まず, 「○○から数えて□□番目」という表現を例に, 両者が混在する数え上げとはどういうものか考えたい. この表現では, 排他的数え上げをする人と包括的数え上げする人が (無視できない割合で) 混在する. 実際, 上の絵で, 「ぶたから数えて 3 番目は誰か」と問うと, コアラと答える者とウサギと答えるものが混在する. これは包括的数え上げをする者 (3 番目はコ

---

[11] これは, それぞれ exclusive counting, inclusive counting の意味であるが, 定着した訳語がないように思われるので, ここでは排他的数え上げ, 包括的数え上げと訳すことにした.

[12] 例えば, すごろくを始めたばかりの子どもは, 「3 の目」が出ているのに「2 歩」しか進まないことが結構ある. これは, 自分のいるマスを「1」として数えている, つまり, 子どもが包括的数え上げを行なってしまっているからである. すごろくは排他的数え上げをするゲームである.

アラ)と排他的数え上げをする者(3番目はウサギ)が混在するからである. 一方で「ぶたから3番目は誰か」を問うと, まず間違いなくウサギとなる.

これは, おそらくその児童・家族・地域の生活環境によるところが多く, どちらが正しいといえる類の問題ではないのだろう. したがって,「○○から数えて□□番目」という表現は利用しない方がよい.

補足 19. その代わりに「○○から□□番目」という表現を用いる. こちらの表現だと解釈に揺れがない.「数えて」が挿入されると解釈が揺さぶられて解答(意味)がばらけてしまう.

このように, 同じ表現でもそれを排他的数え上げと解釈するか包括的数え上げと解釈するかが混在する場合があることを知っておいた方が良い.

補足 20. これと関連した話題を一つ. 例えば(算数科で問うことはないが)問「先頭から2番目は誰か」に対する答えは「さる」であるべきだろう. これは問「先頭は誰か」と問「くまから2番目は誰か」に答えてみればわかる. しかし, (誤答であるべき)「ぶた」と答える者も一定数いる.

次に考えるべきは, ならば単元「なんばんめ」では排他的数え上げ・包括的数え上げのどちらを指導すべきであろうか, ということである. これに対しては, 時代によって考え方も変わろうから, ここでどちらが良いということはできない. ここでは,

- 現行の指導要領は「なんばんめ」で包括的数え上げを選択している;
- web上の学習プリントには包括的数え上げの問題と排他的数え上げの問題の両方を扱ったものがある;
- 後続の単元「たしざん(1)」では排他的数え上げが利用される;

ということを指摘するにとどめておく.

以下では, 単元「なんばんめ」にこだわらずに, 順序数の利用場面をいくつか挙げておこう.

場面 1:○○から□□個目・つ目・人目

場面 2:○○から□□つ後ろ・つ前・つ左・つ右・つ上・つ下

場面 3:個数を数える

場面 4:□□回目

場面 5:○○から□□日目

これらは,「なんばんめ」で扱うかはともかくとして, いずれも算数科で扱うべき場面である. 他にもあるだろう.

場面 1 : □□番目の類型　□□個目・□□つ目・□□人目は「□□番目」と同様に扱われる.

→ ○○の中に基点が入る場合は排他的数え上げ.

→ ○○の中に方向が入る場合は包括的数え上げ.

場面 2 : □□つ後ろ, など　「□□番目」と似ているが, ○○の中には基点・基準が入るのが普通であり, 方向は入らない.

→ 社会的に排他的数え上げを用いる.

場面 3 : 個数を数える　3 個のリンゴを「1,2,3」と数えるときに用いる 1, 2, 3 は順序数である.

→ 社会的に包括的数え上げを用いる.

→ 数学的には特に決まっていないので, 排他的に, 0, 1, 2 と数えてもよい.

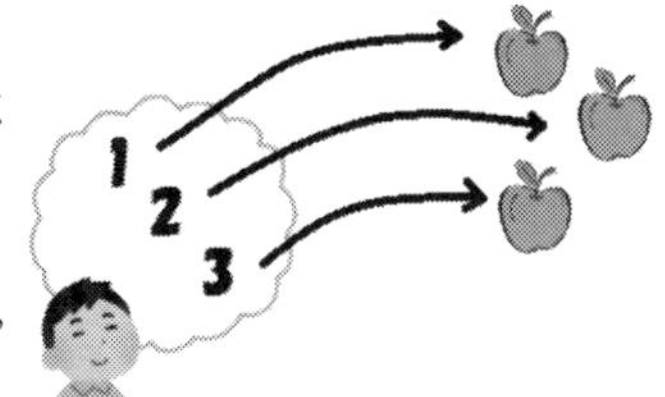

場面 4:回目を数える　1 回目, 2 回目と数えるときに用いる 1, 2, ··· は順序数である.

→ 社会的に包括的数え上げを用いる.

場面 5:日目を数える　1 日目, 2 日目と数えるときに用いる 1, 2, ··· は順序数である.

→ 社会的に排他的/包括的数え上げが混在している.

- NHK 放送文化研究所によれば包括的数え上げをする.
- 一般の日本人では, 排他的/包括的が混在している.

→「なんばんめ」で扱うべきでない.

演習問題

問題 6. 下の図について右の問いに答えよ.

(1) 前から 3 番目は誰ですか.

(2) くまから 3 番目は誰ですか.

(3) 先頭は誰ですか.

(4) 先頭から 3 番目は誰ですか.

第 III 部
自然数の加法と減法

7　自励漸化式系 $(\mathbb{N};\sigma)$ と 加法 +

7.1　加法 + の定義

命題 7.1. $a \in \mathbb{N}$ に対して, 写像 $\mathrm{A}_a : \mathbb{N} \to \mathbb{N}$ が一意に存在して,

$$\begin{cases} \mathrm{A}_a(0) = a \\ \mathrm{A}_a(\sigma(n)) = \sigma(\mathrm{A}_a(n)) \qquad (n \in \mathbb{N}). \end{cases}$$

これは初期値付き自励漸化式系 $(\mathbb{N}; a, \sigma)$ に対して帰納的定義の原理を適用したものである.

定義 7.1. $a \in \mathbb{N}, n \in \mathbb{N}$ に対して, $a + n \in \mathbb{N}$ を次で定める:

$$a + n := \mathrm{A}_a(n).$$

これによって, 写像 $+ : \begin{array}{ccc} \mathbb{N}\times\mathbb{N} & \to & \mathbb{N} \\ \Downarrow & & \Downarrow \\ (a, n) & \mapsto & a + n \end{array}$ が定まる. この写像を *(*$\mathbb{N}$ **における***)* **加法** *(addition)* と呼ぶ. また, $a + n$ を a **と** n **の和** *(sum)* と呼び, a を**被加数** *(augend)*, n を**加数** *(addend)* と呼ぶ.

命題 7.1 における初期条件と自励漸化式を加法 + を用いて書き替えれば, 次のようになる:

$$\begin{cases} a + 0 = a \\ a + \sigma(n) = \sigma(a + n) \qquad (n \in \mathbb{N}). \end{cases}$$

例 7.1 (計算例). $a \in \mathbb{N}$ とすると, 以下が成り立つ:

$$\begin{aligned} a + 0 &= a. \\ a + 1 = a + \sigma(0) &= \sigma(a + 0) \\ &= \sigma(a). \\ a + 2 = a + \sigma(\sigma(0)) &= \sigma(a + \sigma(0)) = \sigma(\sigma(a + 0)) \\ &= \sigma(\sigma(a)). \\ a + 3 = a + \sigma(\sigma(\sigma(0))) &= \sigma(a + \sigma(\sigma(0))) = \sigma(\sigma(a + \sigma(0))) = \sigma(\sigma(\sigma(a + 0))) \\ &= \sigma(\sigma(\sigma(a))). \end{aligned}$$

この結果, 例えば, $a + 3$ は「a の 3 個次のもの」というイミになる.

7.2　加法 + の性質（その 1）

定理 7.2. 加法 + は以下を満たす:

(1) $\forall a \in \mathbb{N}; a + 0 = a.$

(2) $\forall a \in \mathbb{N}, n \in \mathbb{N}; a + \sigma(n) = \sigma(a + n).$

(3) $\forall a \in \mathbb{N}, n \in \mathbb{N}; \sigma(a) + n = \sigma(a + n).$

Proof. (1)(2)　これは定義から従う.

(3)　$n \in \mathbb{N}$ に関する帰納法で示そう.

$$P(n) :\Leftrightarrow \forall a \in \mathbb{N}; \sigma(a) + n = \sigma(a + n) \qquad (n \in \mathbb{N})$$

とおく. $\forall n \in \mathbb{N}; P(\sigma(n))$ を示そう.

- $P(0)$.　任意に $a \in \mathbb{N}$ をとる. このとき,

$$\sigma(a) + 0 = \sigma(a) = \sigma(a + 0).$$

- $P(n) \Rightarrow P(\sigma(n))$.　任意に $a \in \mathbb{N}$ をとる. このとき,

$$\sigma(a) + \sigma(n) = \sigma(\sigma(a) + n) \overset{(帰)}{=} \sigma(\sigma(a + n)) = \sigma(a + \sigma(n)).$$

以上より, (3) が成り立つ. □

補足 21. 上の証明において, 等号の上の (帰) は帰納法の仮定を利用していることをあらわす.

7.3 加法 + の性質（その２）

定理 7.3. $(\mathbb{N};+,0)$ は以下を満たす:

(1) $\forall \ell \in \mathbb{N}; \ell + 0 = \ell.$ (右単位律)

(2) $\forall \ell, m, n \in \mathbb{N}; \ell + (m+n) = (\ell + m) + n.$ (結合律)

(3) $\forall n \in \mathbb{N}; 0 + n = n.$ (左単位律)

(4) $\forall m, n \in \mathbb{N}; m + n = n + m.$ (可換律)

(5) $\forall \ell, m, n \in \mathbb{N}; \ell + n = m + n \Rightarrow \ell = m.$ (右簡約律)

(6) $\forall \ell, m, n \in \mathbb{N}; \ell + m = \ell + n \Rightarrow m = n.$ (左簡約律)

Proof. (1) これは自明である.

(2) $n \in \mathbb{N}$ に関する帰納法で示そう.

$$P(n) :\Leftrightarrow \forall a \in \mathbb{N}, m \in \mathbb{N}; a + (m+n) = (a+m) + n \qquad (n \in \mathbb{N})$$

とおく. $\forall n \in \mathbb{N}; P(n)$ を示そう.

- $P(0)$. 任意に $a \in \mathbb{N}, m \in \mathbb{N}$ をとる. このとき,

$$a + (m+0) = a + m \overset{(1)}{=} (a+m) + 0$$

より, $P(0)$ である.

- $P(n) \Rightarrow P(\sigma(n))$. 任意に $a \in \mathbb{N}, m \in \mathbb{N}$ をとる. このとき,

$$\begin{aligned} a + (m + \sigma(n)) = a + \sigma(m+n) = f(a + (m+n)) &\overset{(帰)}{=} \sigma((a+m)+n) \\ &= (a+m) + \sigma(n). \end{aligned}$$

したがって, (2) が成り立つ.

(3) $n \in \mathbb{N}$ に関する帰納法で示そう.

$$P(n) :\Leftrightarrow 0 + n = n \qquad (n \in \mathbb{N})$$

とおく. $\forall n \in \mathbb{N}; P(n)$ を示そう.

- $P(0)$. $0 + 0 = 0$ より, $P(0)$ である.
- $P(n) \Rightarrow P(\sigma(n))$. $0 + \sigma(n) = \sigma(0 + n) = \sigma(n)$.

したがって, (3) が成り立つ.

(4) $n \in \mathbb{N}$ に関する帰納法で示そう.

$$P(n) :\Leftrightarrow \forall m \in \mathbb{N}; m + n = n + m \qquad (n \in \mathbb{N})$$

とおく. $\forall n \in \mathbb{N}; P(n)$ を示そう.

- $P(0)$. 任意に $m \in \mathbb{N}$ をとる. このとき, $0 + m = m = m + 0$ より, $P(0)$ である.
- $P(n) \Rightarrow P(\sigma(n))$. 任意に $m \in \mathbb{N}$ をとる. このとき,

$$\sigma(n) + m = \sigma(n + m) = \sigma(m + n) = m + \sigma(n).$$

したがって, (4) が成り立つ.

(5) $n \in \mathbb{N}$ に関する帰納法で示そう.

$$P(n) :\Leftrightarrow \forall \ell, m \in \mathbb{N}; \ell + n = m + n \Rightarrow \ell = m \qquad (n \in \mathbb{N})$$

とおく. $\forall n \in \mathbb{N}; P(n)$ を示そう.

- $P(0)$. 任意に $\ell, m \in \mathbb{N}$ をとり, $\ell + 0 = m + 0$ と仮定する. このとき,

$$\ell = \ell + 0 = m + 0 = m.$$

- $P(n) \Rightarrow P(\sigma(n))$. 任意に $\ell, m \in \mathbb{N}$ をとり, $\ell + \sigma(n) = m + \sigma(n)$ と仮定する. このとき,

$$\sigma(\ell + n) = \ell + \sigma(n) = m + \sigma(n) = \sigma(m + n).$$

  σ は単射であるから, $\ell + n = m + n$. $P(n)$ より, $\ell = m$.

したがって, (5) が成り立つ.

(6) (4) と (5) から従う. □

7.4 加法 + の性質（その 3）

本節では, ここまでに得られていない $\mathbb{N}$ の加法についての性質を証明する.

命題 7.4. 以下が成り立つ:

- $\forall a, b \in \mathbb{N}; a + b = 0 \Rightarrow a = 0 = b.$

Proof. 対偶を示そう. 加法の可換律から $b \neq 0$ と仮定してよい. このとき, $b = \sigma(b')$ $(b' \in \mathbb{N})$ と書けるから,

$$a + b = a + \sigma(b') = \sigma(a + b')$$

なので, ペアノの公理より, $a + b \neq 0$ を得る. □

命題 7.5. $\mathbb{N}$ において, $a, b \in \mathbb{N}$ に対して, 以下は同値:

(1) $a \leq b.$

(2) $\exists x \in \mathbb{N}; a + x = b.$

Proof. $a, b \in \mathbb{N}$ についての条件 $P(a, b)$ を

$$P(a, b) :\Leftrightarrow a \leq b \Leftrightarrow \exists x \in \mathbb{N}; a + x = b$$

で定め, a, b に関する二重帰納法で示す.

- $\forall b \in \mathbb{N}; P(0, b).$　これは自明.
- $\forall a \in \mathbb{N}; P(a, 0).$　$(\Rightarrow)$ は自明. $(\Leftarrow)$ は命題 7.4 から従う.
- $P(a, b) \Rightarrow P(\sigma(a), \sigma(b)).$　$(\Rightarrow)$:　$\sigma(a) \leq \sigma(b)$ とすれば, $a \leq b$ なので, 帰納法の仮定から $a + x = b$ となる $x \in \mathbb{N}$ が存在する. このとき, $\sigma(a) + x = \sigma(a + x) = \sigma(b).$

  $(\Leftarrow)$:　$\sigma(a) + x = \sigma(b)$ となる $x \in \mathbb{N}$ が存在すると仮定しよう. このとき, $\sigma(a + x) = \sigma(a) + x = \sigma(b)$ より, $a + x = b$ なので, 帰納法の仮定から $a \leq b$. ゆえに, $\sigma(a) \leq \sigma(b).$

以上より, $\forall a, b \in \mathbb{N}; P(a, b)$ が成り立つ. □

8 自然数の加法と直和集合

定理 8.1. X と Y を互いに素な有限集合とする. このとき, 直和集合 $X \amalg Y$ も有限集合であり, $|X \amalg Y| = |X| + |Y|$ が成り立つ.

Proof. Y の濃度に関する帰納法で示す.

$P(n) :\Leftrightarrow$ 任意の濃度 n の (X と互いに素な) 有限集合 Y に対して, $X \amalg Y$ は有限集合で, $|X \amalg Y| = |X| + |Y|$ である.

- $P(0)$: $n = 0$ のとき, Y は空集合で有限集合であることに注意する. このとき, $X \amalg Y = X$ で, 前提から X は有限集合であるから $P(0)$ は成り立つ.

- $P(n) \Rightarrow P(\sigma(n))$: X を有限集合, $|Y| = \sigma(n)$ とする. $Y \neq \varnothing$ であるから, $y_0 \in Y$ をひとつとり, $Y' := Y \setminus \{y_0\}$ とおけば, $Y = Y' \amalg \{y_0\}$ となる. したがって,

$$\begin{aligned} |X \amalg Y| &= \left|X \amalg (Y' \amalg \{y_0\})\right| = \left|(X \amalg Y') \amalg \{y_0\}\right| \\ &= \sigma(|X \amalg Y'|) \\ &\overset{(帰)}{=} \sigma(|X| + |Y'|) = |X| + \sigma(|Y'|) \\ &= |X| + |Y|. \end{aligned}$$

  となる.

以上より, 任意の $n \in \mathbb{N}$ に対して, $P(n)$ が成り立つ. □

9 整列順序集合の順序和

定義 9.1. X と Y を互いに素な集合とし, $(X; \leq_X)$ と $(Y; \leq_Y)$ を整列順序集合とする. このとき, 直和集合 $X \amalg Y$ 上の二項関係 $\leq$ を

$$x \leq y \quad :\Leftrightarrow \begin{cases} x \leq_X y \text{ and } x, y \in X, \\ x \in X \text{ and } y \in Y, \qquad \text{or} \\ x \leq_Y y \text{ and } x, y \in Y \end{cases}$$

と定める.

命題 9.1. 上で定めた $\leq$ は, 直和集合 $X \amalg Y$ 上の整列順序関係である.

Proof. 証明の大部分は自明である. 整列性だけ示しておこう.

$S \subseteq X \amalg Y, S \neq \varnothing$ を任意に取る. $S = (S \cap X) \amalg (S \cap Y)$ である.

$S \cap X \neq \varnothing$ の場合: $S \cap X$ は X の部分集合であるから, X の整列性から, $S \cap X$ は最小元 $a = \min(S \cap X)$ を持つ. $S \cap Y$ の元は $S \cap X$ の元より大きいから, a は S の最小元である.

$S \cap X = \varnothing$ の場合: この場合, S は Y の部分集合であるから, Y の整列性から, S は最小元 $b = \min S$ を持つ.

いずれにせよ, S は最小元を持つ. □

定義 9.2. 上で定まる整列順序集合 $(X \amalg Y; \leq)$ を **X と Y の順序和**と呼び, $X + Y$ とあらわす.

補足 22. 集合としては, $X \amalg Y = Y \amalg X$ である. すなわち, 集合の直和は可換である. 一方, 整列順序集合としては一般に $X + Y \neq Y + X$ である. すなわち, 整列順序集合の順序和は非可換である.

補足 23. X と Y が有限な整列順序集合であれば, $X+Y$, $Y+X$ も有限整列順序集合であり, 整列化の一意性から, $X+Y$ と $Y+X$ は順序同型である. しかし, X と Y が無限の場合は一般に $X+Y$ と $Y+X$ は順序同型にならない. 例えば, $X=[1]$, $Y=\mathbb{N}$ とすると. $X+Y=[1]+\mathbb{N}\simeq\mathbb{N}\not\simeq\mathbb{N}+[1]=Y+X$ となる:

$[1]+\mathbb{N}=$ [◯] + [◯◯◯◯◯○○⋯] $\simeq$ [◯◯◯◯◯○○⋯].

$\mathbb{N}+[1]=$ [◯◯◯◯◯○○⋯] + [◯] $\simeq$ [◯◯◯◯◯○○⋯ ◯].

$[1]+\mathbb{N}$ には最大元がないが, $\mathbb{N}+[1]$ には最大元がある.

命題 9.2. $m,n\in\mathbb{N}$ とする. このとき, 以下が成り立つ:

(1) 写像 $\psi\colon \begin{array}{ccc}[n] & \to & [m+n] \\ \Psi & & \Psi \\ k & \mapsto & m+k\end{array}$ が定まり,

(2) ψ は順序を保つ単射であり,

(3) ψ の像は $\left\{\ell \,\middle|\, m\le\ell<m+n\right\}$ である.

$[5]=$

0	1	2	3	4

$[4]=$

0	1	2	3

ψ ↓ ↓ ↓ ↓

$[5+4]=[9]=$

0	1	2	3	4	5	6	7	8

補足 24. この部分は,「整列された数図ブロックの操作」として, 算数科の指導法に輸入されている.

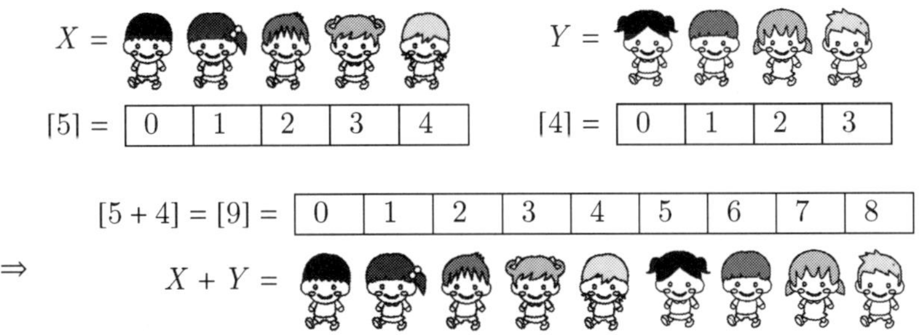

10 単元「たしざん (1)」

この単元は第一学年第一学期６月 (中旬ごろまで) に配当される.

単元「たしざん (1)」の数学的目標は,

(1) 自然数の加法　(2) 集合の直和　(3) 整列順序集合の順序和

の習得である.

(1):自然数の加法　自然数の加法を理解するためには, 自然数の加法の

(a) 定義;　(b) 計算法;　(c) 性質;

の理解が必要になる.

(a):加法の定義の理解　自然数の加法の定義を理解することとは, 加法が

$$\underset{\text{足される数}}{(\text{基準量 (もとのかず)})} \quad + \quad \underset{\text{足す数}}{(\text{増加量 (ふえたかず)})}$$

という順番に行なわれることを理解し, 立式できることを意味する. これは, 数学的な加法の定義

$$\begin{cases} m + 0 = m & \cdots ① \\ m + \sigma(n) = \sigma(m+n) & \cdots ② \end{cases}$$

に基づいている (加えて, 数字の定義も用いる).

$$\begin{aligned} 4+3 &\overset{(3\text{ の定義})}{=} 4+\sigma(2) \overset{②}{=} \sigma(4+2) \\ &\overset{(2\text{ の定義})}{=} \sigma(4+\sigma(1)) \overset{②}{=} \sigma(\sigma(4+1)) \\ &\overset{(1\text{ の定義})}{=} \sigma(\sigma(4+\sigma(0)) \overset{②}{=} \sigma(\sigma(\sigma(4+0))) \\ &\overset{①}{=} \underline{\sigma(\sigma(\sigma(4)))}_{(\bigstar)} \overset{(5\text{ の定義})}{=} \sigma(\sigma(5)) \overset{(6\text{ の定義})}{=} \sigma(6) \overset{(7\text{ の定義})}{=} 7. \end{aligned}$$

(★) は,『「4+3」は「4 の 3 つ次の数」を意味する』と主張している. したがって,「左の量は基準量」「右の量は増加量」という解釈を持つのである.

- <u>立式者が基準量とみなしている量</u>が左に書かれているか
- <u>立式者が増加量とみなしている量</u>が右に書かれているか

の二点が重要である. ここで, 文章題からは何が基準量で何が増加量かが決まらないこと, これらが立式者によって異なってもよいことに注意しよう.

例えば, 次の問題を考えよう:

問題 7. 太郎君は, 花子さんが働いているケーキ屋さんに行き (イートインです), 3 個のケーキを注文しました. もっと食べたいと思い, さらに 4 個のケーキを注文し, 花子さんが持ってきました. 全部でケーキは何個になりますか.

この問題では, 二通りの考え方ができる:

- 児童 A は, (太郎君の視点で) すでに注文した 3 個のケーキを基準量, 新たに注文した 4 個のケーキを増加量と考えて, $3+4$ と立式した.
- 児童 B は, (花子さんの視点で) いま運んでいる 4 個のケーキを基準量, さっき運んだ 3 個のケーキを増加量と考えて, $4+3$ と立式した.

この場合, どちらの児童も基準量を左に, 増加量を右に書けているので, どちらも正しい. このように, 問題文から立式は決まらない.

(b):加法の計算法の理解　実際に計算できることを意味する. 基本的に次の二段階でなされる. $4+3=7$ を例に説明する.

step 1) $4+3=7$ が成り立つことを納得させる.

step 2) $4+3=7$ が成り立つことを暗記させる.

step 2) は足し算カードによってなされる. step 1) について解説しよう. step 1) を達成するために, ふたつの方法を紹介する.

| 方法 1 | 実践的な方法である.

> 4 個のリンゴと 3 個のリンゴを用意する. これらを合わせる. 数えると 7 個になっている. だから, $4+3=7$.

この方法も悪くはない. ただし, この方法は結局「実践的」なのである. つまり, 実際にやってみる (実際に数えてみる) ことを推奨する手法である. 確かに一学期のうちはこれでも問題は生じないが, 実際のところ二学期に入ると既にほころび始める. 二学期に入り, 「たしざん (2)」(繰り上がりのある足し算) を学習する場面において, 例えば, $9+4=13_{(\mathtt{A})}$ を実行する際に, 方針 1 は児童に「実際に数えよう」とさせてしまう. ここでは, 当然

$$9+4=9+(1+3)=(9+1)+3=\mathtt{A}+3=13_{(\mathtt{A})}$$

という計算が指導の主軸[13] であって, 「実際に数える」ことを指導するのではない. このように, 実践的な方法というのは, 場合によって, ただの安易な方法にすぎないことがある.

---

[13] これは加数分解法である. 他に, 被加数分解法 $9+4=(3+6)+4=3+(6+4)=3+\mathtt{A}=13_{(\mathtt{A})}$ もある.

方法２ 方法２はより数学的な方法である. ポイントとなるのは (★) の部分である. この事実は

「4 + 3」は「4 の 3 つ次の数」を意味する

と主張している. これを用いて,「4 の次の次の次」を求める.

(c):加法の性質の理解 これは加法の性質 (定理 7.3) を理解することを意味する. 左右の単位律は 0 の性質として最も重要なものであり, 本単元では必須である. また, 右簡約律は次の単元「ひきざん (1)」の小単元「のこりはいくつ」(求残) のために必須である. 可換律は左簡約律を証明するために必要であり, 左簡約律は単元「ひきざん (1)」の小単元「ちがいはいくつ」(求差) のために必須である. また, 可換律は, 求残と求差の等価性の理解のためにも必要となる.

児童が「自然数の加法」を理解するために, 通常の教科書では二通りのアプローチをする. それが, (2)「(有限) 集合の直和の基数」と (3)「(有限) 整列順序集合の順序和」である.

(2):集合の直和 これは小単元「あわせていくつ」の背景である.

- ふたつの共通部分のない集合 A, B からその和集合 $A \amalg B$ (直和集合) を構成すること;
- $A, B, A \amalg B$ の基数について, $|A \amalg B| = |A| + |B|$ が成り立つこと;

を理解することが目標となる.

(3):整列順序集合の順序和 小単元「ふえるといくつ」の背景である.

- ふたつの共通部分のない整列順序集合 A, B からその順序和 $A + B$ を構成すること;

を理解することが目標となる. これは, 例えば数図ブロックを「並べたまま」連結させることを意味する.

演習問題

問題 8. 定義に基づいて $3 + 4 = 7$ を証明せよ.

11 代数系の基礎(その１)

11.1 代数系とは

本書では, すでに自励漸化式系 $(X;f)$, 初期値付き自励漸化式系 $(X;f,a)$, 代数系 $(\mathbb{N};+,0)$ といったものに我々は遭遇している. このようなものを総称して代数系と呼ぶ. 代数学の入門的な部分は基本的な代数系についての定理の学習である. この意味で, 代数学は代数系の学習から始まると言ってよい.

代数系とは, 集合とその上の (いくつかの) 演算を組にしたものである. 集合 S が与えられているとしよう. S の n 個の元に対して $(n \in \mathbb{N})$, S の元を対応させる規則のことを n **項演算**と呼ぶ. これは n 乗集合 S^n から S への写像のことである. 例えば, 2 項演算とは $S^2 = S \times S$ から S への写像のことである. 自然数の加法は $\mathbb{N} \times \mathbb{N}$ から $\mathbb{N}$ への写像なので $\mathbb{N}$ 上の 2 項演算である. これは, + が $\begin{array}{ccc} \mathbb{N}\times\mathbb{N} & \to & \mathbb{N} \\ \mathbin{\rotatebox[origin=c]{90}{$\in$}} & & \mathbin{\rotatebox[origin=c]{90}{$\in$}} \\ (a,b) & \mapsto & a+b \end{array}$ という写像になっているからである.

自励漸化式 $(X;f)$ における自励漸化式 f は $X^1 = X$ から X への写像なので 1 項演算である. また, 初期値付き自励漸化式系 $(X;f,a)$ における初期値 a は X^0 から X への写像なので 0 項演算である[14). ペアノシステム $(\mathbb{N};\sigma,0)$ における 0 も 0 項演算である.

補足 25. 特に断らない限り, 演算と言ったら 2 項演算のことを指すことが多い.

代数系は多くの場合, 演算に関する付加的な性質を持つ. 代数系とこの性質を合わせて**代数構造**と呼ぶ. 自励漸化式系 $(X;f)$ や初期値付き自励漸化式系 $(X;f,a)$ は単なる集合と演算の組に過ぎないので付加的な性質がないが, ペアノシステム $(\mathbb{N};\sigma,0)$ は代数構造の典型的な例であり, ペアノの公理 (定理 5.8) という付加的な性質を持つ初期値付き自励漸化式系である. このような代数構造には名前を付けて区別する. 本書で扱う代数構造は

- 可換半群
- 可換群
- 束
- 可換半環
- 体

などである. まずは可換半群から導入しよう.

---

14) X^0 は 1 元集合であり, その元は空列 () である $(X^0 = \{()\})$.

11.2 可換半群と簡約律

定義 11.1. 集合 X に二項演算 $*$ と元 $e \in X$ が与えられたとき, 組 $(X; *, e)$ が**可換半群** *(a commutative semigroup)* であるとは, 以下を満たすことである:

(1) $\forall a \in X; a * e = a.$ (右単位律)

(2) $\forall a, b, c \in X; a * (b * c) = (a * b) * c.$ (結合律)

(3) $\forall a \in X; a = e * a.$ (左単位律)

(4) $\forall a, b \in X; a * b = b * a.$ (可換律)

このとき, e を可換半群 $(X; *, e)$ の**単位元**と呼ぶ.

例 11.1. $(\mathbb{N}; +, 0)$ は可換半群である.

例 11.2. Ω を集合とするとき, $(2^{\Omega}; \cup, \varnothing)$ と $(2^{\Omega}; \cap, \Omega)$ は可換半群をなす.

例 11.3. 集合 X を $X := \{a, b, c\}$ と定める.

X 上の二項演算 $*$ を下の表で定めると, 代数系 $(X; *, a)$ は可換半群である.

X 上の二項演算 $\dagger$ を下の表で定めると, 代数系 $(X; \dagger, a)$ は可換半群である.

X 上の二項演算 $\ddagger$ を下の表で定めると, 代数系 $(X; \ddagger, a)$ は可換半群である.

X 上の二項演算 $\bullet$ を下の表で定めると, 代数系 $(X; \bullet, a)$ は可換律を満たさない.

$*$	a	b	c
a	a	b	c
b	b	c	a
c	c	a	b

$\dagger$	a	b	c
a	a	b	c
b	b	a	c
c	c	c	c

$\ddagger$	a	b	c
a	a	b	c
b	b	b	c
c	c	c	c

$\bullet$	a	b	c
a	a	b	c
b	b	b	c
c	c	b	c

このように一つの集合の上に様々な可換半群構造が存在する. ここで用いた表を**乗積表**と呼ぶ.

定義 11.2. 可換半群 $(X; *, e)$ が

(5) $\forall a_1, a_2, b \in X; a_1 * b = a_2 * b \Rightarrow a_1 = a_2,$ (右簡約律)

(6) $\forall a, b_1, b_2 \in X; a * b_1 = a * b_2 \Rightarrow b_1 = b_2$ (左簡約律)

を満たすとき, $(X; *, e)$ を**簡約可換半群**という.

演算が可換なので, 右簡約律と左簡約律は同値である.

例 11.4. $(\mathbb{N}; +, 0)$ は簡約可換半群である.

例 11.5. 例 11.2 の $(2^{\Omega}; \cup, \varnothing)$ と $(2^{\Omega}; \cap, \Omega)$ は簡約律を満たさない.

例 11.6. 例 11.3 の中では, $(X; *, a)$ だけが簡約可換半群である.

11.3　簡約可換半群から定まる順序

ここからは, 代数系 $(S; *, e)$ は簡約可換半群で,

- $\forall a, b \in S; a * b = e \Rightarrow a = e = b$

を満たすとする.

定義 11.3. S 上の二項関係 $\geq, \leq$ を

$$\begin{aligned} b \geq a \quad &:\Leftrightarrow \quad \exists x \in S; x * a = b, \\ a \leq b \quad &:\Leftrightarrow \quad \exists x \in S; a * x = b, \end{aligned} \qquad (a, b \in S)$$

で定め, これを S 上の**演算から定まる半順序関係**と呼ぶ.

補足 26. 演算 $*$ は可換なので, $b \geq a$ は $a \leq b$ と同値である.

命題 11.1. $(X; *, e)$ を簡約可換半群とする. このとき, 以下が成り立つ:

(1) $\geq$ は S 上の半順序関係である.

(2) $e \leq a$.　　　(3) $x \leq y \Leftrightarrow a * x \leq a * y$.

Proof. (1)　(反射律)　任意に $a \in X$ をとれば, 右単位律から, $a * e = a$. ゆえに, $a \leq a$.

(推移律)　任意に $a, b, c \in X$ をとり, $a \leq b, b \leq c$ と仮定する. このとき, $a * x = b$ となる $x \in X$ と, $b * y = c$ となる $y \in X$ が存在するので, 結合律から, $a * (x * y) = (a * x) * y = c$. ゆえに, $a \leq c$.

(反対称律)　任意に $a, b \in X$ をとり, $a \leq b, b \leq a$ と仮定する. このとき, $a * x = b$ となる $x \in X$ と, $b * y = a$ となる $y \in X$ が存在するので, 結合律と右単位律から, $a * (x * y) = (a * x) * y = a = a * e$. a を簡約して, $x * y = e$. したがって, 仮定から $x = e = y$. ゆえに, 右単位律から, $a = a * e = a * x = b$.

(2)　左簡約律から $e * a = a$ なので, $e \leq a$.

(3)(⇒)　$x \leq y$ とすれば, $x * z = y$ $(z \in X)$ とあらわせる. このとき, 結合律から, $(a * x) * z = a * (x * z) = a * y$. ゆえに, $a * x \leq a * y$.

(3)(⇐)　$a * x \leq a * y$ とすれば, $(a * x) * z = a * y$ $(z \in X)$ とあらわせる. このとき, 結合律から, $a * (x * z) = (a * x) * z = a * y$. ゆえに, 簡約律から $x * z = y$. したがって, $x \leq y$. □

11.4 簡約可換半群における局所逆演算

命題 11.2. $(X; *, e)$ を簡約可換半群とする. $a, b \in X$ が $a \geq b$ を満たすとき, $x * a = b$ を満たす $x \in X$ が一意に存在する.

Proof. 半順序関係 $\geq$ の定義より $x \in X$ の存在は明らか. 一方, $x_1 * a = b = x_2 * a$ とすると簡約律から $x_1 = x_2$ となるので, $x \in X$ は一意的である. □

定義 11.4. $x * a = b$ を満たす $x \in X$ が存在するとき, x を b/a とあらわす. これを $*$ の**局所逆演算**と呼ぶ.

b/a はすべての $a, b \in X$ に対して定義されるわけではない. このような演算を局所二項演算と呼ぶ. $a * x = b$ を満たす $x \in X$ を $a \backslash b$ とあらわすと, S の可換性から $b/a = a \backslash b$ となる.

命題 11.3. 以下が成り立つ:

(1) $a * b \geq b$ であり, $(a * b)/b = a$.

(2) $c \geq b$ ならば, $(c/b) * b = c$.

(3) $c \geq b$ ならば, $c/b \leq c$ で, $b = (c/b) \backslash c$.

(4) $c_1 \geq b, c_2 \geq b$ ならば, $c_1/b = c_2/b \Rightarrow c_1 = c_2$.

(5) $c \geq b_1, c \geq b_2$ ならば, $c/b_1 = c/b_2 \Rightarrow b_1 = b_2$.

Proof. (1) $x := a$ とおけば, x は方程式 $x * b = a * b$ の解である. したがって, $a * b \geq b$. また, $a = x = (a * b)/b$.

(2) $c \geq b$ より, $a * b = c$ となる $a \in S$ が存在する. また, $a = c/b$ であるから, したがって, $c = a * b = (c/b) * b$.

(3) $c \geq b$ と (2) より, $(c/b) * b = c$. これを右の b について解けば, $c/b \leq c$ で, $b = (c/b) \backslash c$.

(4) 辺々右から $*b$ を当てれば, (2) より, $c_1 = (c_1/b) * b = (c_2/b) * b = c_2$.

(5) 辺々右から $\backslash c$ を当てれば, (3) より, $b_1 = (c/b_1) \backslash c = (c/b_2) \backslash c = b_2$.
□

命題 11.4. 以下が成り立つ:

(1) (a) $a \geq e$.
 (b) $a/e = a$. (右単位律)

(2) (a) 以下は同値:
  i. $d \geq b * c$.
  ii. $d \geq c, d/c \geq b$.
 (b) i, ii が成り立つとき, $d/(b * c)=(d/c)/b$. (結合律)

(3) $c \geq b$ and $a \geq c/b$ ならば,
 (a) $a * b \geq c$.
 (b) $a/(c/b) = (a * b)/c$. (結合律)

(4) $a \geq c$ ならば,
 (a) $b * a \geq c$.
 (b) $b * (a/c) = (b * a)/c$. (結合律)

(5) (a) $a \geq a$.
 (b) $a/a = e$. (左単位律)

Proof. (1), (2)(a), (5) は省略する.

(2)(b) $d \geq c$ より, $d = x * c$ $(x \in S)$ と書け, $x = d/c$ となる. また, $d/c \geq b$ より, $x = d/c = a * b$ $(a \in S)$ と書け, $a = x/b$ となる. したがって, $d = x * c = (a * b) * c = a * (b * c)$ より, $d/(b * c) = (d/c)/b$.

(3) $c \geq b$ より, $c = x * b$ $(x \in S)$ と書け, $x = c/b$. また, $a \geq c/b = x$ より, $a = y * x$ $(y \in S)$ と書け, $y = a/x$. したがって,

$$a * b = (y * x) * b = y * (x * b) = y * c$$

より, $a * b \geq c$ で, $(a * b)/c = a/(c/b)$.

(4) $a \geq c$ より, $a = x * c$ $(x \in S)$ と書け, $a/c = x$. したがって,

$$b * a = b * (x * c) = (b * x) * c$$

より, $b * a \geq c$ で, $(b * a)/c = b * (a/c)$. □

補足 27. 上述の (2)(3)(4) を本書では *(***局所的逆演算の***)* **結合律**と呼ぶ.

12 ℕ における大小関係と局所的減法

代数系 $(\mathbb{N};+,0)$ は簡約可換半群で,

- $\forall a, b \in \mathbb{N}; a + b = 0 \Rightarrow a = 0 = b$

を満たすので, 11 節の内容がすべて適用できる. 本節では, 11 節で得られた結果を簡約可換半群 $(\mathbb{N};+,0)$ の場合に改めてまとめて記述する.

12.1 大小関係とその性質

定義 12.1. ℕ 上の二項関係 $\geq$ を

$$\begin{aligned} b \geq a \quad &:\Leftrightarrow \quad \exists x \in \mathbb{N}; x + a = b, \\ a \leq b \quad &:\Leftrightarrow \quad \exists x \in \mathbb{N}; a + x = b, \end{aligned} \qquad (a, b \in \mathbb{N})$$

で定め, これを ℕ 上の**大小関係**と呼ぶ.

補足 28. 演算 + は可換なので, $b \geq a$ は $a \leq b$ と同値である.

命題 7.5 より, ℕ にもともと備わっている順序関係 (整列順序関係) と, 加法に基づいて定義された半順序関係 (大小関係) は一致することに注意しよう. 11 節の結果から, 以下を得る:

命題 12.1. 簡約可換半群 $(\mathbb{N};+,0)$ において, 以下が成り立つ:

(1) $\geq$ は ℕ 上の半順序関係である.

(2) $0 \leq a$.

(3) $x \leq y \Leftrightarrow a + x \leq a + y$.

12.2 逆演算とその性質

命題 12.2. 簡約可換半群 $(\mathbb{N};+,0)$ において, $a, b \in \mathbb{N}$ が $b \geq a$ を満たすとき, $x + a = b$ を満たす $x \in \mathbb{N}$ が一意に存在する.

定義 12.2. $x + a = b$ を満たす $x \in \mathbb{N}$ が存在するとき, この (一意的な) x を $b - a$ とあらわす. $-$ を**局所的減法**と呼ぶ.

$-$ は常に定義されるわけではないので, 局所二項演算である. $a + x = b$ を満たす $x \in \mathbb{N}$ を $a \leftarrow b$ とあらわすと, ℕ の可換性から $b - a = a \leftarrow b$ となる. 区別するときは, $b - a$ を**求残**, $a \leftarrow b$ を**求差**と呼ぶ.

11 節の結果から, 以下の命題はすでに証明されている:

命題 12.3. 以下が成り立つ:

(1) $a + b \geq b$ であり, $(a + b) - b = a$.

(2) $c \geq b$ ならば, $(c - b) + b = c$.

(3) $c \geq b$ ならば, $c - b \leq c$ で, $b = (c - b) \leftarrow c$.

(4) $c_1 \geq b, c_2 \geq b$ ならば, $c_1 - b = c_2 - b \Rightarrow c_1 = c_2$. (右簡約律)

(5) $c \geq b_1, c \geq b_2$ ならば, $c - b_1 = c - b_2 \Rightarrow b_1 = b_2$. (左簡約律)

命題 12.4. 以下が成り立つ:

(1) (a) $a \geq 0$.

(b) $a - 0 = a$. (右単位律)

(2) (a) 以下は同値:

i. $d \geq b + c$.

ii. $d \geq c, d - c \geq b$.

(b) i, ii が成り立つとき, $d - (b + c) = (d - c) - b$. (結合律)

(3) $c \geq b$ and $a \geq c - b$ ならば,

(a) $a + b \geq c$.

(b) $a - (c - b) = (a + b) - c$. (結合律)

(4) $a \geq c$ ならば,

(a) $b + a \geq c$.

(b) $b + (a - c) = (b + a) - c$. (結合律)

(5) (a) $a \geq a$.

(b) $a - a = 0$. (左単位律)

上述の (2)(3)(4) にはいずれも前提条件が付いていることに注意せよ. そもそも局所的減法はすべての元に対して定義されていないので, 引けるときしか引けない. この「引ける」という条件が大小関係 $\geq$ で表現されている.

13 単元「いくつといくつ」

この単元は第一学年第一学期の単元「ひきざん (1)」より前 に配当される.

単元「いくつといくつ」の数学的目標は,

(1) 自然数の加法の簡約律　　(2) 自然数の和への分解

の習得である.

単元「いくつといくつ」は, 後続単元の「ひきざん (1)」へ向けた重要な準備になっている.

この単元では

- 方程式 $\square + a = b$
- 方程式 $a + \square = b$

を扱う. 加法の簡約律により, a が 0 でない限り, 解は一意的である (存在するとは限らない). 解が存在するための条件は $b \geq a$ である. 本単元では, $b \geq a$ なる $a, b \in \mathbb{N}$ を具体的に提示して上述の方程式を解かせるのである.

前者の方程式は**求残方程式**と呼ぶべきもので, 単元「ひきざん (1)」ではこの方程式の解あるいはそれを求める方法を**求残**と呼ぶ.

一方, 前者の方程式は**求差方程式**と呼ぶべきもので, 単元「ひきざん (1)」ではこの方程式の解あるいはそれを求める方法を**求差**と呼ぶ.

本単元で留意したいことは加法の簡約律の理解である. 加法の簡約律があるからこそ解が一意的になるのである. また, $b \geq a$ の関係が成り立っていることにも留意したい. $b \geq a$ が成り立っているからこそ解が存在するのである.

演習問題

問題 9. $\mathbb{N}$ において, 方程式 $3 + x = 8$ を解け.

問題 10. $\mathbb{N}$ において, 方程式 $x + 4 = 9$ を解け.

14 単元「ひきざん (1)」

この単元は第一学年第一学期 (6月下旬ごろから) 7月 に配当される.
単元「ひきざん (1)」の数学的目標は,

(1) 自然数の局所的減法 (2) 集合の差 (3) 有限集合の定量的比較

の習得である. 本書では, (2)(3) については, あまり扱わないことにする.

(1):自然数の局所的減法　自然数の局所的減法を理解するためには, 自然数の局所的減法の

(a) 定義; (b) 計算法; (c) 性質;

の理解が必要になる.

(a):局所的減法の定義　児童にとって, 自然数の局所的減法の定義の理解とは, 求残と求差という2種類の引き算の習得を意味する. ここで,

- 求残とは, 関係式 $a + b = c$ において, b と c から a を
- 求差とは, 関係式 $a + b = c$ において, a と c から b を

求める計算を指す. これは本書における数学的定義であって, 算数教育学における用法と概ね一致するように定義しているが, 必ずしも完全に一致しているわけではないことに注意する. よく算数教育学では, 引き算には求残・求補・求差があると言われるが[15], 本書では求補を定義せず, 求残と求差のみ考える.

例えば, 「ふえるといくつ」の観点で, $4 + 3 = 7$ は,

もともと4個のボールが入っていた箱に, 新たに3個のボールを入れたら, いま箱の中には7個のボールが入っている

ということを意味する. この例を基に, 求残と求差について考えよう.

[15] 算数教育学では, 本書における求残と求補を合わせて『求補』と呼ぶものがあったり, 本書における求補と求差を合わせて『求差』と呼ぶものがあったり, 様々である.

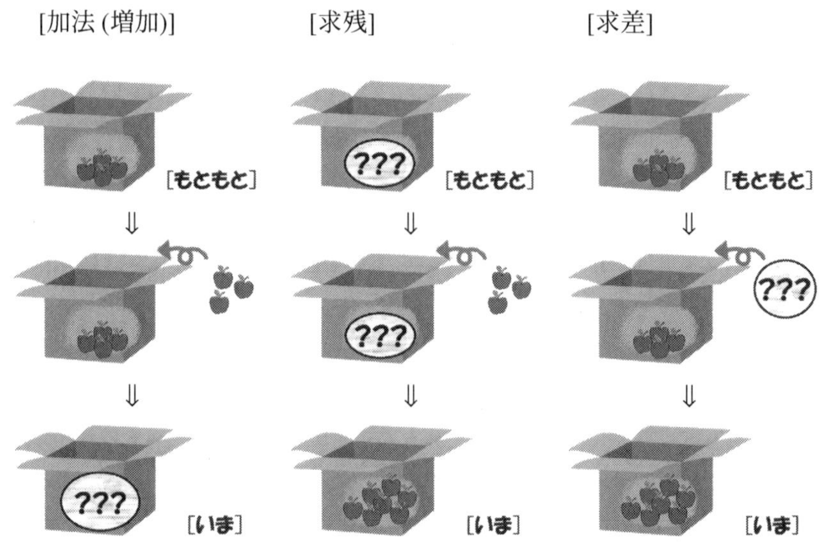

4 + 3 = 7 において, 4 と 3 から 7 を求めるのが加法.
(基準量) + (増加量) という理解が加法 (増加) の基本.

4 + 3 = 7 において, 3 と 7 から 4 を求めるのが求残.
4 は残った個数.
(基準量) を求めるのが求残.

4 + 3 = 7 において, 4 と 7 から 3 を求めるのが求差.
3 はもとといまの差.
(増加量) を求めるのが求差.

小単元「のこりはいくつ」

求残の学習がこの小単元のテーマである.

問題 11. 箱の中に 7 個のリンゴが入っています. 3 個取り出しました. 箱の中にリンゴは何個残っているでしょう.

この問題では, 「箱に入れる」という操作の逆操作が「箱から出す」になることを実感させることが基本である. この意味では, 次のような問題は導入として不適切であろう.

問題 12. 7 個のアメをもっています. 3 個食べました. アメは何個残っているでしょう.

この問題では, 「食べる」の逆操作が直観的に想起しにくい[16]. 導入問題には感覚的に可逆な操作が適切である.

16) 「食べる」の逆操作は「吐く」だ.

小単元「ちがいはいくつ」

小単元「のこりはいくつ」では求残の問題を扱うのに対して, 小単元「ちがいはいくつ」では

- 求差の問題
- 求補の問題
- 集合の定量的な比較の問題

など, 数学的性質の異なる問題や解釈に多様性のある問題が混在している. 小単元「ちがいはいくつ」の取り扱いが難しいとされる根拠には, このような異種の問題の混在も挙げられるだろう.

小小単元「ちがいはいくつ」(求差)

まず, 求差の学習について述べる.

問題 13. 箱の中にリンゴが 4 個入っていました. さらに何個かリンゴを入れました. 箱の中のリンゴは 7 個になりました. 何個のリンゴを入れたでしょう.

この問題では, 「入れる前」と「入れた後」を比較できることが基本である. この比較の結果, 何個入れたかが論点となる. 「今あるリンゴ」の集合 A と「もとからあるリンゴ」の集合 B を考える. このとき, $B \subseteq A$ である. 問題 13 で問われていることは, $|A \setminus B|$ を求めることである. このように, 問題 13 の数学的根拠は (2)「有限集合の差集合」である.

小小単元「ちがいはいくつ」(求補)

求補とは次のような問題のことである:

問題 14. こどもたちが 7 にん います. このうち, 2 にんは おとこのこ です. おんなのこは なんにん ですか.

この問題は算数教育学では求補と称される. 求補とは何かということを数学的に定義することはできないが, おおむね, 求補の問題とは, 求残の問題とも求差の問題とも解釈できる問題のことであるといって良い:

- 求残としての解釈: 「こどもたち」から「おとこのこたち」を取り除くと, その残りは「おんなのこたち」である.
- 求差としての解釈: 「こどもたち」と「おとこのこたち」を比較すると, その違いは「おんなのこたち」である.

小小単元「ちがいはいくつ」(集合の定量的な比較)

この小小単元では次のような問題を扱う:

問題 15. おとこのこが 7 にん います. おんなのこは 4 にん います. おとこのこは おんなのこより なんにん おおいですか.

この問題では, 問題 13 とは異なり, 比較が間接的であり「対応の構成」(手を繋ぐこと) が必要となる. 「おとこのこ」の集合 B と「おんなのこ」の集合 G を考える. このとき, $|G| = 4 \leq 7 = |B|$ より, $G \lesssim B$ となるから, G から B への単射 f が存在する. これによって, B の中に G のコピー $f(G)$ が構成される. $f(G)$ に属する「おとこのこ」は手を繋いでいるような「おとこのこ」であり, $f(G)$ は B の部分集合になる. 問題 15 で問われていることは, $|B \setminus f(G)|$ を求めることである. このように, 問題 15 の数学的根拠は (3)「有限集合の定量的比較」である. ここで注意すべきは, 単射 f は事前に与えられていないことであり, 児童は自主的に f を構成できるようにならなければならない.

(b):局所的減法の計算法　実際に計算できることを意味する. 基本的に次の二段階でなされる. $4 + 3 = 7$ を例に説明する.

step 1) $7 - 3 = 4$ が成り立つことを納得させる.

step 2) $7 - 3 = 4$ が成り立つことを暗記させる.

step 1) $4 \leftarrow 7 = 3$ が成り立つことを納得させる.

step 2) $4 \leftarrow 7 = 3$ が成り立つことを暗記させる.

step 2) は引き算カードによってなされるが, これについては, 章を改めて解説することにして, ここでは step 1) のための方法をふたつ紹介する.

[方法１]　実践的な方法である. 例えば, 求残であれば,

> 7 個のリンゴを用意する. ここから 3 個のリンゴを取り除く. 残りを数えると 4 個になっている. だから, $7 - 3 = 4$.

この方法も悪くはない. ただし, 前章で述べたとおり注意が必要である. この方法では, 実際にやってみる (実際に数えてみる) ことを推奨する. 結果, 考えるよりも前に数えようとする方向に向かう.

[方法２]　方法２はより数学的な方法であり, 足し算を根拠とする.

- $4 + 3 = 7$ であるから, $7 - 3 = 4$ である;
- $4 + 3 = 7$ であるから, $4 \leftarrow 7 = 3$ である;

という理解を推奨する. 運用上は方法1と方法2を併用するのが良い. これは単元「いくつといくつ」の観点と関連付けて指導することを意味する.

(c):局所的減法の性質　これは局所的減法の性質 (計算法則) の理解, つまり, 12 節の定理の理解を意味する.

ひきざん (1)：まとめ

加法の可換性から求残と求差は等価である. 例えば, 問題 14 が二通りの解釈を持つのも加法の可換性が根拠である. ある文章問題が求残の問題であるか求差の問題であるかは, その文章問題自体が決めることではなく, それを解釈する児童が決めることである. したがって, 教師は発問の仕方に注意を払うべきであろう. 例えば (求残の問題と求差の問題を指して)「この問題とこの問題はどこが違うかな」という発問は本来不適切である. このような違いは, 算数科として淘汰されるべき違いであって, これを強調するのは本末転倒である. まとめの際にはむしろ求残と求差が同じであることを強調してもよいくらいである. 求残と求差のまとめとして重要なのは,「どちらも引き算で計算できる」という観点である. したがって, 単元「たしざん (1)」で加法の可換性の指導が特に重要であると言える.

演習問題

問題 16. 定義に基づいて $7 - 3 = 4$ を証明せよ.

15 第一学年第二学期の数学

15.1 全体像

第一学年第二学期の A 領域 (代数領域) の数学は, 以下のとおりである:

単元「19 までのかず」	9 月上旬〜中旬
単元「3 つのかず」	9 月下旬
単元「たしざん (2)」	10 月頃
単元「ひきざん (2)」	11 月頃

補足 29. 時期は, 多くの教科書会社が採用する時期を記したが, すべての教科書会社ではない.

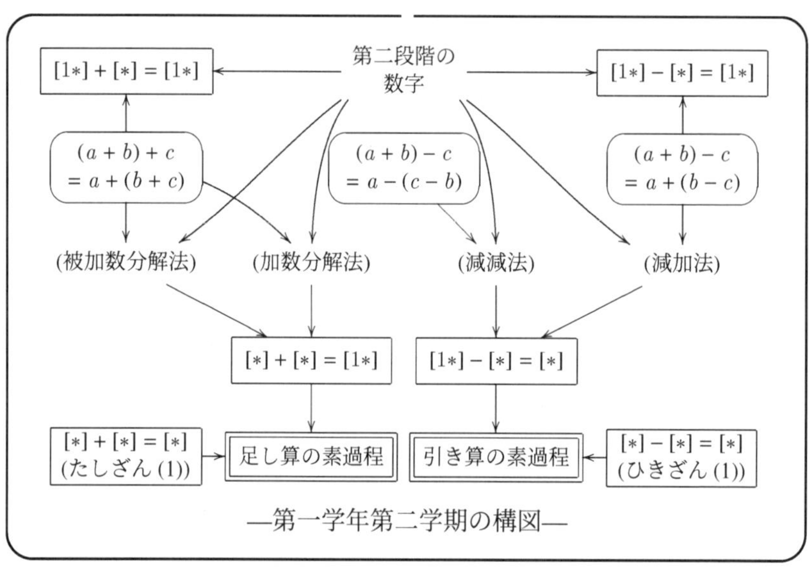

—第一学年第二学期の構図—

15.2 単元「19 までのかず」

この単元は第一学年 9 月上中旬 に配当される.

単元「19 までのかず」の数学的目標は,

(1) 第二段階の数字 (2) 足し算 [1∗] + [∗] = [1∗] (3) 引き算 [1∗] − [∗] = [1∗]

の習得である.

補足 30. 本書では digit を ∗ で代表し, 計算の ‘型’ を上記のように略記する.

15.2.1 第二段階の数字

自然数をあらわす数字には, 大きく分けて以下の 4 段階がある.

第一段階	$\mathtt{A} = 10_{(\mathtt{A})}$ まで	第一学年一学期
第二段階	$\mathtt{A} \times 2 - 1 = \mathtt{A} + \mathtt{A} - 1 = 19_{(\mathtt{A})}$ まで	第一学年二学期
第三段階	$\mathtt{A}^2 - 1 = \mathtt{A} \times \mathtt{A} - 1 = 99_{(\mathtt{A})}$ まで	第一学年三学期
第四段階	すべての数字	第四学年一学期

第二段階の数字とは $19_{(\mathtt{A})}$ までの数字のことである. 以下, 一般の底 $\beta \geq 2$ の場合で考える.

定理 15.1. $\beta, n \in \mathbb{N}$ について, 以下は同値:

(1) $n < \beta + \beta$,

(2) $n < \beta$ または $(n \geq \beta \ \text{and} \ n - \beta < \beta)$.

Proof. (1) ⇒ (2): $n < \beta + \beta$ とする. このとき, $n < \beta$ または $n \geq \beta$ が成り立つ. $n \geq \beta$ のとき, n から β を引ける. したがって不等式 $n < \beta + \beta$ から辺々 β を引けるので, $n - \beta < (\beta + \beta) - \beta = \beta$.

(2) ⇒ (1): $n < \beta$ の場合, $n < \beta + \beta$ である.

一方, $n \geq \beta$ and $n - \beta < \beta$ の場合, 不等式 $n - \beta < \beta$ に辺々 β を加えれば, $n = (n - \beta) + \beta < \beta + \beta$. □

第二段階の数字の定義は以下の通りである:

定義 15.1. $n < \mathtt{A}$ に対して,

$$1n_{(\mathtt{A})} := \mathtt{A} + n \quad \text{あるいは,} \quad 1n_{(\mathtt{A})} := n + \mathtt{A}$$

とおく.

この二通りの定義の同値性はもちろん加法の可換性が根拠となっている. この定義によって, 次の命題が得られる:

命題 15.2. $10_{(\mathtt{A})} = \mathtt{A}$.

Proof. 右単位律より, $\mathtt{A} = \mathtt{A} + 0$. 定義より, $\mathtt{A} + 0 = 10_{(\mathtt{A})}$ であるから, $10_{(\mathtt{A})} = \mathtt{A}$ である. □

補足 31. A という自然数は,
『「10 のまとまり」(これは A の代名詞)(が 1 個) と「バラ」が 0 個』
だから「10」とあらわされる. ここへ来て, ようやく A を $10_{(\mathtt{A})}$ と表記できることが従う.

15.2.2 足し算 [1∗] + [∗] = [1∗]

$m + n < \mathtt{A}$ のとき:

$$\begin{aligned} 1m_{(\mathtt{A})} + n &= (\mathtt{A} + m) + n \\ &= \mathtt{A} + (m + n) \\ &= 1(m + n)_{(\mathtt{A})}. \end{aligned}$$

もちろん, この計算は足し算の結合法則 $(a + b) + c = a + (b + c)$ に基づいている. この型の計算は全部で $55_{(\mathtt{A})}$ 通りある.

15.2.3 引き算 [1∗] − [∗] = [1∗]

$n \leq m < \mathtt{A}$ のとき:

$$\begin{aligned} 1m_{(\mathtt{A})} - n &= (\mathtt{A} + m) - n \\ &= \mathtt{A} + (m - n) \\ &= 1(m - n)_{(\mathtt{A})}. \end{aligned}$$

もちろん, この計算は引き算の結合法則 $(a + b) - c = a + (b - c)$ に基づいている. この型の計算は全部で $55_{(\mathtt{A})}$ 通りある.

15.2.4 系列性と規則性

まず, $10_{(\mathtt{A})}$ から $19_{(\mathtt{A})}$ までの数字は 2 個のディジットを用いてあらわす数字であり, 一学期で学習した 1 個のディジットだけであらわせる数字とは明確に異なる. 児童の目からは, この 2 種類の数字は異質なものに見えてしまい, 放っておくと数の連続性・系列性が断絶しがちである. そこで, 数直線を導入することで連続性・系列性の認識を補強することが有効である.

また, 0 から 9 までの数字と $10_{(\mathtt{A})}$ から $19_{(\mathtt{A})}$ までの数字を比較して, 1 の位が繰り返しているという規則性への気づきも重要である. 数直線であらわして, 10 個離れたところにある数字を見るのも効果的である.

補足 32. $20_{(\mathtt{A})}$ 個の数字を書かねばならないので数直線はそこそこ長くなってしまう. これでは黒板が埋まってしまうと考えて, 数直線を「分断」して折り返してしまうのでは本末転倒. そもそも系列性の理解が論点なのだから, 分断してしまったら全く意味がない. 長くても一本の直線で描くことに意味がある. しっかりと「数が (数字が) 並んでいること」を見せる必要がある. また, 0 から書くことが重要.

0 1 2 3 4 5 6 7 8 9 10 11 12 13 14 15 16 17 18 19

補足 33. 数直線の導入は幾何的側面 (B 領域) でもあるが, 代数的側面 (A 領域) としても重要である.

15.3 単元「３つのかず」

この単元は第一学年 9 月中下旬 に配当される.
単元「３つのかず」の数学的目標は,

(1) 結合法則 $(x+y)+z=x+(y+z)$

(2) 結合法則 $(x+y)-z=x+(y-z)$

の習得である.
そもそも 3 項式には

$$\Big(x \,\square\, y\Big) \triangle\, z \quad と \quad x \,\square \Big(y \triangle z\Big)$$

という 2 種類の型がある. いま, (局所的) 演算として +, − しか考えないとすれば,

$$\begin{array}{llllllll} \text{(a)} & \Big(x+y\Big)+z & \text{(b)} & \Big(x+y\Big)-z & \text{(c)} & \Big(x-y\Big)-z & \text{(d)} & \Big(x-y\Big)+z \\ \text{(e)} & x+\Big(y+z\Big) & \text{(f)} & x+\Big(y-z\Big) & \text{(g)} & x-\Big(y-z\Big) & \text{(h)} & x-\Big(y+z\Big) \end{array}$$

という 8 個の形式が考察対象となる[17]. ここで,

- 結合法則 $(x+y)+z=x+(y+z)$ は単元「たしざん (2)」における (加数分解法・被加数分解法) の根拠を,
- 結合法則 $(x+y)-z=x-(z-y)$ は単元「ひきざん (2)」における (減減法) の根拠を,
- 結合法則 $(x+y)-z=(x+y)-z$ は単元「ひきざん (2)」における (減加法) の根拠を,

与える.

補足 34. ただし, 結合法則 $(x+y)-z=x-(z-y)$ は括弧の利用が不可欠なので小学校第一学年では利用できない.

---

[17] 局所的減法を求残 − と求差 ← に分けて, +, −, ← の 3 種の (局所的) 演算を考えると, 18 個の形式がある.

15.4 単元「たしざん (2)」

この単元は第一学年 10 月 に配当される.
単元「たしざん (2)」の数学的目標は,

(1) 足し算 [∗] + [∗] = [1∗]　　(2) 足し算の素過程

の習得である.

15.4.1 足し算 [∗] + [∗] = [1∗]

基本的に**加数分解法**と**被加数分解法**の二通りの手法があり, 両方の手法を用いて指導する. 計 $45_{(\mathtt{A})}$ 通りの足し算を学習する.

加数分解法では,

$$8+7 = 8+(2+5) = (8+2)+5 = \mathtt{A}+5 = 15_{(\mathtt{A})}.$$

という計算手順によって, $8+7 = 15_{(\mathtt{A})}$ を証明する. 細かく見ると,

$8+7$		
$= 8+(2+5)$	step 3	$7-2=5$
$= (8+2)+5$	step 2	結合法則
$= \mathtt{A}+5$	step 1	$\mathtt{A}-8=2$
$= 15_{(\mathtt{A})}.$	step 4	記数法

これを見れば, この証明が

- 引き算 (1) $\mathtt{A}$ − [∗] = [∗].
- 加法の結合法則
  $(a+b)+c = a+(b+c)$.
- 引き算 (1) [∗] − [∗] = [∗].
- 記数法の定義 15.1

から構成されていることが分かる. 当然これらの内容が全て既習事項であることが証明の前提となっている.

被加数分解法では,

$$8+7 = (5+3)+7 = 5+(3+7) = 5+\mathtt{A} = 15_{(\mathtt{A})}.$$

という計算手順によって, $8+7 = 15_{(\mathtt{A})}$ を証明する. 細かく見ると,

$8+7$		
$= (5+3)+7$	step 3	$8-3=5$
$= 5+(3+7)$	step 2	結合法則
$= 5+\mathtt{A}$	step 1	$\mathtt{A}-7=3$
$= 15_{(\mathtt{A})}.$	step 4	記数法

これを見れば, この証明が

- 引き算 (1) $\mathtt{A}$ − [∗] = [∗].
- 加法の結合法則
  $(a+b)+c = a+(b+c)$.
- 引き算 (1) [∗] − [∗] = [∗].
- 記数法の定義 15.1

から構成されていることが分かる. 当然これらの内容が全て既習事項であることが証明の前提となっている.

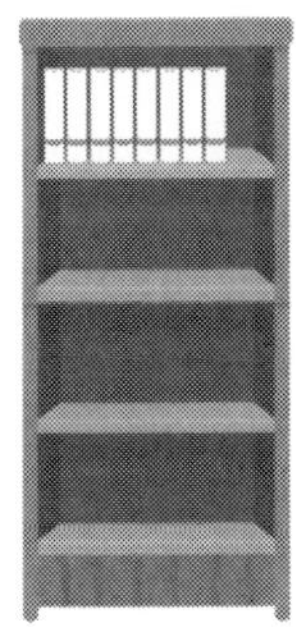

一段に丁度 $10_{(\mathtt{A})}$ 冊入る本棚がある．いま，本棚には 8 冊の本が入っている．あと 7 冊入れたい．どのように入れるか．

補足 35. 上で, step 1 〜 step 4 は思考の順序をあらわしている．いずれの場合も, step 1 から step 3 においては, 式変形の順序と思考の順序が逆行している．この点は重要であり, 実際に授業をする場合もここが一番の盛り上がり (盛り上げ) どころである．

納得させる方法:　基本的にはふたつの方法がある．

方法１　実践的な方法である．

> 8 個のリンゴと 7 個のリンゴを用意する．これらを合わせる．数えると 15 個になっている．だから, $8+7=15$.

この方法は基本的には良くない．「実践的」すぎるからだ．

方法２　方法２はより数学的な方法である．これが, 加数分解法および被加数分解法である．

15.4.2　足し算の素過程

単元「たしざん (2)」では計 $100_{(\mathtt{A})}$ 枚の「たし算カード」を利用する．足し算の素過程の修得は, 後に足し算の筆算の際に必須となる．この際, 枠で囲った 6 個の型に分類した理解も重要である．

$0+0$	$0+1$	$0+2$	$\cdots$	$0+8$	$0+9$
$1+0$	$1+1$	$1+2$	$\cdots$	$1+8$	$1+9$
$2+0$	$2+1$	$2+2$	$\cdots$	$2+8$	$2+9$
$\vdots$	$\vdots$	$\vdots$		$\vdots$	$\vdots$
$8+0$	$8+1$	$8+2$	$\cdots$	$8+8$	$8+9$
$9+0$	$9+1$	$9+2$	$\cdots$	$9+8$	$9+9$

演習問題

問題 17. $9+4=13_{(\mathtt{A})}$ について,

(1) 加数分解法で証明せよ．また, そのときの根拠を述べよ．

(2) 被加数分解法で証明せよ．また, そのときの根拠を述べよ．

問題 18. 8 進法の足し算の素過程の表を作成せよ．

15.5 単元「ひきざん (2)」

この単元は第一学年 11 月 に配当される.
単元「ひきざん (2)」の数学的目標は,

(1) 引き算 $[1*]-[*]=[*]$ (2) 引き算の素過程

の習得である.

15.5.1 引き算 $[1*]-[*]=[*]$

基本的に**減減法**と**減加法**の二通りの手法があり, 両方の手法を用いて指導する. 計 $45_{(\mathtt{A})}$ 通りの引き算を学習する.

減減法では,

$$15_{(\mathtt{A})}-7=(\mathtt{A}+5)-7=\mathtt{A}-(7-5)$$
$$=\mathtt{A}-2=8.$$

という計算手順によって, $15_{(\mathtt{A})}-7=8$ を証明する. 細かく見ると,

$15_{(\mathtt{A})}-7$		
$=(\mathtt{A}+5)-7$	step 1	記数法
$=\mathtt{A}-(7-5)$	step 2	結合法則
$=\mathtt{A}-2$	step 3	$7-5=2$
$=8.$	step 4	$\mathtt{A}-2=8$

これを見れば, この証明が

- 記数法の定義 15.1
- 引き算の結合法則
  $(a+b)-c=a-(c-b)$.
- 引き算 (1) $[*]-[*]=[*]$.
- 引き算 (1) $\mathtt{A}-[*]=[*]$.

から構成されていることが分かる. 当然これらの内容が全て既習事項であることが証明の前提となっている.

減加法では,

$$15_{(\mathtt{A})}-7=(5+\mathtt{A})-7=5+(\mathtt{A}-7)$$
$$=5+3=8.$$

という計算手順によって, $15_{(\mathtt{A})}-7=8$ を証明する. 細かく見ると,

$15_{(\mathtt{A})}-7$		
$=(5+\mathtt{A})-7$	step 1	記数法
$=5+(\mathtt{A}-7)$	step 2	結合法則
$=5+3$	step 3	$\mathtt{A}-7=3$
$=8.$	step 4	$5+3=8$

これを見れば, この証明が

- 記数法の定義 15.1
- 引き算の結合法則
  $(a+b)-c=a+(b-c)$.
- 引き算 (1) $\mathtt{A}-[*]=[*]$.
- 足し算 (1) $[*]+[*]=[*]$.

から構成されていることが分かる. 当然これらの内容が全て既習事項であることが証明の前提となっている.

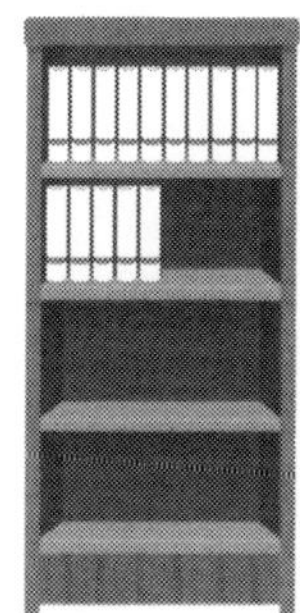

一段に丁度 $10_{(A)}$ 冊入る本棚がある. 本棚には $15_{(A)}$ 冊の本が入っている. いま, 7 冊取り出したい. どのように取り出すか.

補足 36. 良く見てみると分かるとおり, 減減法は加数分解法の逆であり, 減加法は被加数分解法の逆である. 一方で指導上は, 足し算は加数分解法, 引き算は減加法を基本としているので, これは捩れていると言えるだろう.

納得させる方法: 基本的にはふたつの方法がある.

方法 1 実践的な方法である.

15 個のリンゴを用意する. ここから 7 個のリンゴを取り除く. 残りを数えると 8 個になっている. だから, $15 - 7 = 8$.

この方法は基本的には良くない. 「実践的」すぎるからだ.

方法 2 方法 2 はより数学的な方法である. これが, 減減法および減加法である.

15.5.2 引き算の素過程

単元「ひきざん (2)」では計 $100_{(A)}$ 枚の「ひき算カード」を利用する. 引き算の素過程の習得は, 後に引き算の筆算の際に必須となる. この際, 枠で囲った 6 個の型に分類した理解も重要である.

$0-0$	$1-1$	$2-2$	$\cdots$	$8-8$	$9-9$
$1-0$	$2-1$	$3-2$	$\cdots$	$9-8$	$10-9$
$2-0$	$3-1$	$4-2$	$\cdots$	$10-8$	$11-9$
$\vdots$	$\vdots$	$\vdots$		$\vdots$	$\vdots$
$8-0$	$9-1$	$10-2$	$\cdots$	$16-8$	$17-9$
$9-0$	$10-1$	$11-2$	$\cdots$	$17-8$	$18-9$

演習問題

問題 19. $13_{(A)} - 9 = 4$ について,

(1) 減減法で証明せよ. また, そのときの根拠を述べよ.

(2) 減加法で証明せよ. また, そのときの根拠を述べよ.

問題 20. 8-進法の引き算の素過程の表を作成せよ.

第IV部
自然数の乗法と除法

16 可換半群 $(X;*,e)$ と 反復 $\lhd$

16.1 反復 $\lhd$ の定義

代数系 $(X;*,e)$ を可換半群とする. いま, 元 $a \in X$ に対して, 写像 $a*$ を

$$a*: \begin{array}{ccc} X & \to & X \\ \uplus & & \uplus \\ x & \mapsto & a*x \end{array}$$

で定めよう. このとき, 初期値付き漸化式系 $(X, e, a*)$ に帰納的定義の原理を適用すると次を得る:

命題 16.1. $a \in X$ に対して, 写像 $\mathrm{R}_a : \mathbb{N} \to X$ が一意に存在して,

$$\begin{cases} \mathrm{R}_a(0) = e \\ \mathrm{R}_a(\sigma(n)) = a * \mathrm{R}_a(n). \end{cases}$$

定義 16.1. $a \in X, n \in \mathbb{N}$ に対して, $a \lhd n \in X$ を次で定める:

$$a \lhd n := \mathrm{R}_a(n).$$

これによって, X に $\mathbb{N}$ が右から作用する. この作用を *(X* **における***)* **反復** *(repetition)* と呼ぶ.

命題 16.1 における初期値・漸化式を反復 $\lhd$ を用いて書き直せば, 次を得る:

$$\begin{cases} a \lhd 0 = e \\ a \lhd \sigma(n) = a * a \lhd n \qquad (n \in \mathbb{N}). \end{cases}$$

例 16.1 (計算例)**.** $a \in X$ とすると, 以下が成り立つ:

$$\begin{aligned}
a \lhd 0 &= e. \\
a \lhd 1 &= a \lhd \sigma(0) = a * a \lhd 0 \\
&= a * e \ \ (= a). \\
a \lhd 2 &= a \lhd \sigma(\sigma(0)) = a * a \lhd \sigma(0) = a * a * a \lhd 0 \\
&= a * a * e \ \ (= a * a). \\
a \lhd 3 &= a \lhd \sigma(\sigma(\sigma(0))) = a * a \lhd \sigma(\sigma(0)) = a * a * a \lhd \sigma(0) = a * a * a * a \lhd 0 \\
&= a * a * a * e \ \ (= a * a * a).
\end{aligned}$$

この結果, 例えば, $a \lhd 3$ は「(e に) a を 3 回結合した数」というイミになる.

この例で示した通り, 結合の強さに関しては, $*$ よりも $\lhd$ の方が結合が強いとして, $a * (b \lhd n)$ などは $a * b \lhd n$ のように括弧を省略する.

16.2 反復 $\lhd$ の性質（その１）

定理 16.2. 可換半群 $(X; *, e)$ における反復 $\lhd$ は以下を満たす:

(1) $\forall a \in X; a \lhd 0 = e$.

(2) $\forall a \in X, m, n \in \mathbb{N}; a \lhd (m + n) = a \lhd m * a \lhd n$.

(3) $\forall n \in \mathbb{N}; e \lhd n = e$.

(4) $\forall a, b \in X; \forall n \in \mathbb{N}; (a * b) \lhd n = a \lhd n * b \lhd n$.

Proof. (1) これは定義から直ちに従う.

(2) $m \in \mathbb{N}$ に関する帰納法で示そう.

$$P(m) \quad :\Leftrightarrow \quad \forall a \in X, n \in \mathbb{N}; a \lhd (m + n) = (a \lhd m) * (a \lhd n) \qquad (m \in \mathbb{N})$$

とおく. $\forall m \in \mathbb{N}; P(m)$ を示そう.

- $P(0)$. 任意に $a \in X, n \in \mathbb{N}$ をとる. このとき,

$$a \lhd (0 + n) = a \lhd n = e * (a \lhd n) = (a \lhd 0) * (a \lhd n).$$

- $P(m) \Rightarrow P(\sigma(m))$. 任意に $a \in X, n \in \mathbb{N}$ をとる. このとき,

$$\begin{aligned} a \lhd (\sigma(m) + n) &= a \lhd \sigma(m + n) = a * a \lhd (m + n) \\ &\overset{(帰)}{=} a * (a \lhd m + a \lhd n) = (a * a \lhd m) * a \lhd n \\ &= a \lhd \sigma(m) * a \lhd n. \end{aligned}$$

(3) $n \in \mathbb{N}$ に関する帰納法で示そう.

$$P(n) \quad :\Leftrightarrow \quad e \lhd n = e \qquad (n \in \mathbb{N})$$

とおく. $\forall n \in \mathbb{N}; P(n)$ を示そう.

- $P(0)$. $e \lhd 0 = e$.
- $P(n) \Rightarrow P(\sigma(n))$. $e \lhd \sigma(n) = e * e \lhd n \overset{(帰)}{=} e * e = e$.

(4) 任意に $a, b \in X$ を取る. $n \in \mathbb{N}$ に関する帰納法で示そう.

$$P(n) \quad :\Leftrightarrow \quad (a * b) \triangleleft n = a \triangleleft n * b \triangleleft n \qquad (n \in \mathbb{N})$$

とおく. $\forall n \in \mathbb{N}; P(n)$ を示そう.

- $P(0)$. $(a * b) \triangleleft 0 = e = e * e = a \triangleleft 0 * b \triangleleft 0$.
- $P(n) \Rightarrow P(\sigma(n))$. 任意に $a, b \in X$ をとる. このとき,

$$\begin{aligned}(a * b) \triangleleft \sigma(n) &= (a * b) * (a * b) \triangleleft n \overset{(帰)}{=} (a * b) * (a \triangleleft n * b \triangleleft n) \\ &= (a * a \triangleleft n) * (b * b \triangleleft n) = a \triangleleft \sigma(n) * b \triangleleft \sigma(n).\end{aligned}$$

以上より, $\forall n \in \mathbb{N}; P(n)$, すなわち, (4) が示された. □

可換半群 $(X;*,e)$ の可換性は (4) の証明に利用されている. 左右の単位律と結合律は満たすが, 可換律が成り立たないような (そのような代数系を半群と呼ぶ) 場合, (4) は一般に成り立たない.

例 16.2. 集合 X を $X := \{e, s, t, u, v, w\}$ とおき, X 上の二項演算 $*$ を

$*$	e	s	t	u	v	w
e	e	s	t	u	v	w
s	s	s	u	u	w	w
t	t	v	t	w	v	w
u	u	w	u	w	w	w
v	v	v	w	w	w	w
w	w	w	w	w	w	w

で定めると, 代数系 $(X;*,e)$ は半群である. しかし, $s * t = u \neq v = t * s$ なので, 半群 $(X;*,e)$ は可換律を満たさない. また, $(s * t) \triangleleft 2 = u \triangleleft 2 = w$ かつ $s \triangleleft 2 * t \triangleleft 2 = s * t = u$ であるから, (4) は成り立たない.

補足 37. (4) は次のように修正できる:

(4') $\forall a, b \in X; a * b = b * a \Rightarrow \forall n \in \mathbb{N}; (a * b) \triangleleft n = a \triangleleft n * b \triangleleft n$.

非可換半群に対しても (4') は成立する.

16.3 反復 ◁ の性質（その 2）

可換半群 $(X; *, e)$ が, 簡約律と

$$\forall a, b \in X; a * b = e \Rightarrow a = e = b \tag{16.1}$$

を満たすとする. このとき, 二項関係 $\leq$ を

$$\forall a, b \in S; a \leq b \Leftrightarrow \exists x \in S \text{ s.t. } a * x = b$$

と定義すると, 二項関係 $\leq$ が半順序関係になるのであった. このとき, 次の性質が成り立つ:

定理 16.3. このとき, 以下が成り立つ:

(1) $\forall a \in S, \forall n \in \mathbb{N}; a \lhd n = e \Rightarrow a = e$ or $n = 0$.

(2) $\forall a \in S, \forall m, n \in \mathbb{N}; a \lhd m \leq a \lhd n \Leftrightarrow a = e$ or $m \leq n$.

(3) $\forall a \in S, \forall m, n \in \mathbb{N}; a \lhd m = a \lhd n \Rightarrow a = e$ or $m = n$.

Proof. (1) $n \neq 0$ と仮定する. このとき, $n = \sigma(n')$ $(n' \in \mathbb{N})$ と書ける. したがって,

$$e = a \lhd n = a \lhd \sigma(n') = a * a \lhd n'.$$

ゆえに, (16.1) より, $a = e$ and $a \lhd n' = e$. 特に, $a = e$.

(2) (⇐): $a = e$ の場合は定理 16.2 (3) から明らかである. $m \leq n$ とすると, $m + \ell = n$ $(\ell \in \mathbb{N})$ と書ける. このとき,

$$a \lhd m * a \lhd \ell = a \lhd (m + \ell) = a \lhd n$$

したがって, $a \lhd m \leq a \lhd n$.

(⇒): 対偶を示そう. $a \neq e$ and $m > n$ とする. このとき, $m = n + \ell$ $(\ell \in \mathbb{N}, \ell \neq 0)$ と書ける. したがって,

$$a \lhd m = a \lhd (n + \ell) = a \lhd n * a \lhd \ell$$

であるが, $a \neq e$ と $\ell \neq 0$ と (1) から $a \lhd \ell \neq e$. したがって, $a \lhd m \geq a \lhd n$.

(3) $a \lhd m = a \lhd n$ とすると, $a \lhd m \leq a \lhd n$ かつ $a \lhd m \geq a \lhd n$. ゆえに, (2) より, "$a = e$ or $m \leq n$" かつ "$a = e$ or $m \geq n$". ゆえに, $a = e$ or "$m \leq n$ かつ $m \geq n$". ゆえに, $a = e$ or $m = n$. □

本節では, 一般の可換半群で議論した. したがって, 個々の可換半群に対しても上で示したことはすべて成立することが分かったことになる.

17 可換半群 $(\mathbb{N};+,0)$ と 累加 $\times$

代数系 $(\mathbb{N};+,0)$ は可換半群だから, 16 節の内容は成立する.

17.1 累加 $\times$ の定義

初期値付き自励漸化式系 $(\mathbb{N},0,\mathrm{A}_a)$ に帰納的定義の原理を適用すると次を得る:

命題 17.1. $a\in\mathbb{N}$ に対して, 写像 $\mathrm{M}_a:\mathbb{N}\to\mathbb{N}$ が一意に存在して,

$$\begin{cases}\mathrm{M}_a(0)=0\\ \mathrm{M}_a(\sigma(n))=\mathrm{A}_a(\mathrm{M}_a(n)).\end{cases}$$

定義 17.1. $a\in\mathbb{N}, n\in\mathbb{N}$ に対して, $a\times n\in\mathbb{N}$ を次で定める:

$$a\times n:=\mathrm{M}_a(n).$$

これによって, $\mathbb{N}$ 上の二項演算 $\times$ が定まる. この二項演算を**累加** *(repeated addition)* または**乗法** *(multiplication)* と呼ぶ. また, $a\times n$ を a **と** n **の積** *(product)* と呼び, a を**被乗数** *(multiplicand)*, n を**乗数** *(multiplier)* と呼ぶ.

命題 17.1 における初期値付き自励漸化式を加法 $+$ と累加 $\times$ を用いて書き直せば, 次のようになる:

$$\begin{cases}a\times 0=0\\ a\times\sigma(n)=a+a\times n \qquad (n\in\mathbb{N}).\end{cases}$$

例 17.1 (計算例)**.** $a\in\mathbb{N}$ とすると, 以下が成り立つ:

$$\begin{aligned}
a\times 0&=0.\\
a\times 1&=a\times\sigma(0)=a+a\times 0\\
&=a+0\ \ (=a).\\
a\times 2&=a\times\sigma(\sigma(0))=a+a\times\sigma(0)=a+a+a\times 0\\
&=a+a+0\ \ (=a+a).\\
a\times 3&=a\times\sigma(\sigma(\sigma(0)))=a+a\times\sigma(\sigma(0))=a+a+a\times\sigma(0)=a+a+a+a\times 0\\
&=a+a+a+0\ \ (=a+a+a).
\end{aligned}$$

この結果, 例えば, $a\times 3$ は「(0 に) a を 3 回足した数」というイミになる.

この例が示す通り, 結合の強さに関して $+$ よりも $\times$ の方が結合が強いとして, $a+(b\times c)$ などは $a+b\times c$ のように括弧を省略することにする.

17.2 累加 × の性質（その 1）

定理 17.2. 累加 × は以下を満たす:

(1) $\forall a \in \mathbb{N}; a \times 0 = 0.$

(2) $\forall a \in \mathbb{N}; \forall m, n \in \mathbb{N}; a \times (m + n) = a \times m + a \times n.$

(3) $\forall n \in \mathbb{N}; 0 \times n = 0.$

(4) $\forall a, b \in \mathbb{N}; \forall n \in \mathbb{N}; (a + b) \times n = a \times n + b \times n.$

17.3 累加 × の性質（その 2）

可換半群 $(\mathbb{N}; +, 0)$ が, 簡約律と

$$\forall a, b \in \mathbb{N}; a + b = 0 \Rightarrow a = 0 = b$$

を満たしたことを思い出そう. このとき, 二項関係 $\leq$ が

$$a \leq b \quad \Leftrightarrow \quad \exists x \in \mathbb{N} \text{ s.t. } a + x = b$$

という関係で定まり, 二項関係 $\leq$ は半順序関係になるのだった. このとき, 次の性質が成り立つ:

定理 17.3. このとき, 以下が成り立つ:

(1) $\forall a \in \mathbb{N}, \forall n \in \mathbb{N}; a \times n = 0 \Rightarrow a = 0 \text{ or } n = 0.$

(2) $\forall a \in \mathbb{N}, \forall m, n \in \mathbb{N}; a \times m \leq a \times n \Leftrightarrow a = 0 \text{ or } m \leq n.$

(3) $\forall a \in \mathbb{N}, \forall m, n \in \mathbb{N}; a \times m = a \times n \Rightarrow a = 0 \text{ or } m = n.$

18 自然数の乗法と直積集合

命題 18.1. X と Y を有限集合とする. このとき, 以下が成り立つ:

(1) 直積集合 $X \times Y$ は有限集合である.

(2) $|X \times Y| = |X| \times |Y|$.

Proof. $|Y|$ に関する帰納法で示す. すなわち, Y の濃度に関する帰納法で示す.

$$P(n) :\Leftrightarrow \begin{array}{l} \text{任意の濃度 } n \text{ の有限集合 } Y \text{ に対して,} \\ X \times Y \text{ は有限集合で, } |X \times Y| = |X| \times |Y| \text{ である.} \end{array}$$

とおき, n に関する帰納法で示す.

- $P(0)$: X を有限集合, $|Y| = 0$ とする. このとき, $Y = \varnothing$ であるから, $X \times Y = X \times \varnothing = \varnothing$. ゆえに, $|X \times Y| = |\varnothing| = 0 = |X| \times 0 = |X| \times |Y|$. また, $\varnothing$ は有限集合なので, $X \times Y$ は有限集合
- $P(n) \Rightarrow P(\sigma(n))$: X を有限集合, $|Y| = \sigma(n)$ とする. $Y \neq \varnothing$ であるから, $y_0 \in Y$ をひとつとり, $Y' := Y \setminus \{y_0\}$ とおけば, $Y = Y' \amalg \{y_0\}$ となる. したがって,

$$\begin{aligned} |X \times Y| &= \left|X \times (Y' \amalg \{y_0\})\right| = \left|(X \times Y') \amalg (X \times \{y_0\})\right| \\ &= |X \times Y'| + |X \times \{y_0\}| = |X \times Y'| + |X| \\ &\overset{(帰)}{=} |X| \times |Y'| + |X| = |X| \times \sigma(|Y'|) \\ &= |X| \times |Y|. \end{aligned}$$

となる.

以上より, 任意の $n \in \mathbb{N}$ に対して, $P(n)$ が成り立つ. □

19 半順序集合の直積順序

定義 19.1. $(X; \leq_X)$ と $(Y; \leq_Y)$ を半順序集合とする. このとき, 直積集合 $X \times Y$ 上の二項関係 $\leq$ を

$$(x, y) \leq (x', y') \quad :\Leftrightarrow \quad x \leq_X x' \text{ and } y \leq_Y y'$$

と定める.

次は簡単である:

命題 19.1. 上で定めた $\leq$ は, 直積集合 $X \times Y$ 上の半順序関係である.

定義 19.2. 上で定まる半順序関係 $\leq$ を $\leq_X$ **と** $\leq_Y$ **の直積順序**と呼び[*], 半順序集合 $(X \times Y; \leq)$ を X **と** Y **の直積順序集合**と呼ぶ. $X \times Y$ であらわす.

[*] 順序積とは呼ばない. 順序積は別の概念である.

補足 38. X と Y がともに全順序集合であっても, 一般に直積順序集合 $(X \times Y; \leq)$ は全順序集合ではない.

例 19.1. $X := \{$ あ, い $\}$ (あ $\leq_X$ い), $Y := \{$か, き, く$\}$ (か $\leq_Y$ き $\leq_Y$ く) とおくとき, $X \times Y$ を $\leq_X$ と $\leq_Y$ の直積順序で並べると, 右のハッセ図を得る.

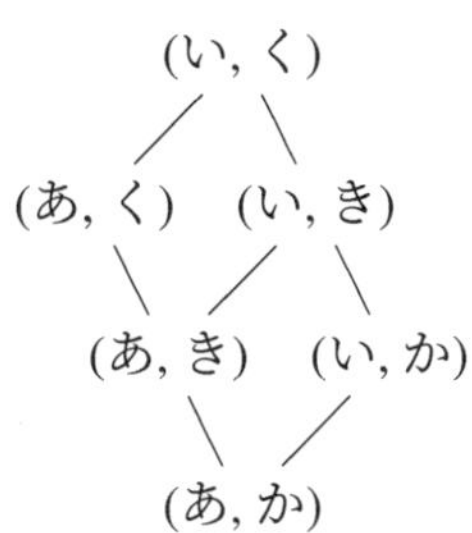

直積順序集合 $X \times Y$ が全順序集合となるのは, X と Y のどちらかが 1 点集合か空集合のとき, かつ, そのときに限る.

20　単元「[2] かけ算」

自然数の乗法の学習の基礎は, 次のふたつの単元である:

- 第二学年第二学期の単元「かけ算」と第二学年第三学期の単元「きまりさがし」(本書では「[2] かけ算」と称する)
- 第三学年第一学期の単元「かけ算」(本書では「[3] かけ算」と称する)

この単元は第二学年二学期・三学期 に配当される.
単元「[2] かけ算」の数学的目標は,

(1) 自然数の乗法 (2) 乗法の素過程 (3) 直積集合 (4) 直積順序集合

の習得である.

(1):自然数の乗法　自然数の乗法を理解するためには, 自然数の乗法の

(a) 定義; (b) 計算法; (c) 性質;

の理解が必要になる.

(a):乗法の定義　自然数の乗法の定義を理解することとは, 乗法が

$$\underset{\text{掛けられる数}}{(\text{ひとつ分})} \quad \times \quad \underset{\text{掛ける数}}{(\text{いくつ分})}$$

という順番に行なわれることを理解し, 立式できることを意味する. これは, 数学的な乗法の定義 $\begin{cases} m \times 0 = 0 & \cdots ① \\ m \times \sigma(n) = m + \sigma(n) & \cdots ② \end{cases}$ に基づいている.

$$\begin{aligned} 4 \times 3 &\overset{(3\text{ の定義})}{=} 4 \times \sigma(2) \overset{②}{=} 4 + 4 \times 2 \\ &\overset{(2\text{ の定義})}{=} 4 + 4 \times \sigma(1) \overset{②}{=} 4 + 4 + 4 \times 1 \\ &\overset{(1\text{ の定義})}{=} 4 + 4 + 4 \times \sigma(0) \overset{②}{=} 4 + 4 + 4 + 4 \times 0 \\ &\overset{①}{=} \underline{4 + 4 + 4 + 0}_{(\bigstar)} \overset{(4+0=4)}{=} 4 + 4 + 4 \overset{(4+4=8)}{=} 4 + 8 \overset{(4+8=12)}{=} 12. \end{aligned}$$

(★) は, 『「4 × 3」は「4 を 3 つ足した数」を意味する』と主張している. したがって, 「左の量はひとつ分」「右の量はいくつ分」と解釈される.

- <u>立式者がひとつ分とみなしている量</u>が左に書かれているか
- <u>立式者がいくつ分とみなしている量</u>が右に書かれているか

が重要である. ここで, 文章題からは何がひとつ分で何がいくつ分かが決まらないこと, これらが立式者によって異なってもよいことに注意しよう.

例えば, 次の問題を考えよう:

問題 21. 太郎君は, 春子さん・夏子さん・秋子さん・冬子さんにそれぞれ 3 枚のカードを配りたいと考えています. 全部で何枚のカードが必要になりますか.

この問題では, 二通りの考え方ができる:

- 児童 A は, (一人当たりで考えて) 3 枚のカードを 4 人に配るので 3×4 と立式した. (単位込みで書けば 3[枚/人] × 4[人])
- 児童 B は, (一回当たりで考えて) 4 枚のカードを 3 回配るので 4×3 と立式した. (単位込みで書けば 4[枚/回] × 3[回])[18)]

この場合, どちらの児童もひとつ分を左に, いくつ分を右に書けているので, どちらも正しい. このように, 問題文から立式は決まらない.

(b):乗法の計算法　実際に計算できることを意味する. 基本的に次の二段階でなされる. $4 \times 3 = 12_{(A)}$ を例に説明する.

step 1) $4 \times 3 = 12_{(A)}$ が成り立つことを納得させる.

step 2) $4 \times 3 = 12_{(A)}$ が成り立つことを暗記させる.

step 2) は掛け算カードによってなされるが, これについては章を改めて解説するので, ここでは step 1) を達成するためのふたつの方法を紹介する.

| 方法 1 |　実践的な方法. 実践的すぎてあまりよくない.

4 個入りのリンゴの袋を 3 袋を用意する. 数えるとリンゴが $12_{(A)}$ 個あると分かる. だから, $4 \times 3 = 12_{(A)}$.

| 方法 2 |　方法 2 はより数学的な方法である. ポイントとなるのは (★) の部分である. この事実は

「4×3」は「4 を 3 つ足した数」を意味する

18) 実際に, カードを配るところを想像すれば分かる. トランプ遊びをしたことがある児童は, 一定数, 児童 B のように考える.

と主張している. これを用いて, 「$4+4+4$」を求める.

(c):乗法の性質　これは, 定理 17.2 と定理 17.3 を理解することである. 乗法の簡約律は, 第三学年の単元「わりざん」の基礎である.

$n \times 0$ について　$n \times 0 = 0$ が成り立つのは, 数学的にはこれが 0 倍の定義であるからである. 定義なので, 数学的には理由が必要ない. また, 比較的, 児童も感覚的に受け入れやすいように感じる. ここでは, 感覚的な理解ではなく, 代数的な性質を根拠にする理解の仕方として, 3・2・1・0 のルールを用いる方法を紹介する. この方法では, とても自然に $n \times 0 = 0$ となることが説明できる. 例えば,

$$\begin{aligned}
&4 \times 3 = 12 \\
&\qquad \downarrow -4 \quad \cdots \text{「乗数が 1 減ると積は } -4 \text{ される」ことが観測できる} \\
&4 \times 2 = 8 \\
&\qquad \downarrow -4 \quad \cdots \text{「乗数が 1 減ると積は } -4 \text{ される」ことが観測できる} \\
&4 \times 1 = 4 \\
&\qquad \downarrow -4 \quad \cdots \text{だから } 4 \times 0 \text{ は } 4 \times 1 = 4 \text{ を } -4 \text{ したものになるのが自然} \\
&4 \times 0 = 0
\end{aligned}$$

という具合である.

(2):乗法の素過程　これについては章を改めて解説する.

児童が「自然数の乗法」を理解するために, 通常の教科書では二通りのアプローチをする. それが, (3)「(有限) 集合の直積の基数」と (4)「(有限) 整列順序集合の直積順序」である.

(3):集合の直積

- ふたつの集合 A, B から直積集合 $A \times B$ を構成すること;
- $A, B, A \times B$ の基数について, $|A \times B| = |A| \times |B|$ が成り立つこと;

を理解することが目標となる.

(4):整列順序集合の直積順序

- ふたつの整列順序集合 A, B から直積順序集合 $A \times B$ を構成すること;

を理解することが目標となる. これは, 例えば数図ブロックを長方形に配置させることを意味する. 算数教育学では「アレイ図」と称する.

演習問題

問題 22. 定義に基づいて $3 \times 4 = 12_{(\mathrm{A})}$ を証明せよ.

21 反復 $\triangleleft$ の性質（つづき）

21.1 反復 $\triangleleft$ の性質（その3）

$\mathbb{N}$ の乗法が定義されたので, 可換半群 $(X; *, e)$ における反復 $\triangleleft$ と $\mathbb{N}$ における乗法の関係について述べよう.

定理 21.1. 反復 $\triangleleft$ は以下を満たす:

(5) $\forall a \in X; a \triangleleft 1 = a$.

(6) $\forall a \in X, \forall m, n \in \mathbb{N}; a \triangleleft (m \times n) = (a \triangleleft m) \triangleleft n$.

Proof. (5) 任意に $a \in X$ をとると,

$$a \triangleleft 1 = a \triangleleft \sigma(0) = a * a \triangleleft 0 = a * e = a.$$

(6) $n \in \mathbb{N}$ に関する帰納法で示そう.

$$P(n) :\Leftrightarrow \forall a \in X, \forall m \in \mathbb{N}; a \triangleleft (m \times n) = (a \triangleleft m) \triangleleft n$$

とおく. $\forall n \in \mathbb{N}; P(n)$ を示そう.

- $P(0)$. 任意に $a \in X, m \in \mathbb{N}$ をとる. このとき,

$$a \triangleleft (m \times 0) = a \triangleleft 0 = e = (a \triangleleft m) \triangleleft 0.$$

- $P(n) \Rightarrow P(\sigma(n))$. 任意に $a \in X, m \in \mathbb{N}$ をとる. このとき,

$$\begin{aligned} a \triangleleft (m \times \sigma(n)) &= a \triangleleft (m + m \times n) \overset{(2)}{=} a \triangleleft m * a \triangleleft (m \times n) \\ &\overset{(帰)}{=} a \triangleleft m * (a \triangleleft m) \triangleleft n = (a \triangleleft m) \triangleleft \sigma(n). \end{aligned}$$

以上より, (6) が成り立つ. □

22 累加×の性質（つづき）

22.1 累加×の性質（その３）

21 節の結果を可換半群 $(\mathbb{N}; +, 0)$ の場合に適用すれば, 以下が得られる:

定理 22.1. 累加 × は以下を満たす:

(5) $\forall a \in \mathbb{N}; a \times 1 = a$.

(6) $\forall a \in \mathbb{N}, \forall m, n \in \mathbb{N}; a \times (m \times n) = (a \times m) \times n$.

定理 17.2 と定理 22.1 をまとめると次のようになる:

まとめ

系 22.2. 累加 × は以下を満たす:

(1) $\forall a \in \mathbb{N}; a \times 0 = 0$.

(2) $\forall a \in \mathbb{N}, \forall m, n \in \mathbb{N}; a \times (m + n) = a \times m + a \times n$.

(3) $\forall n \in \mathbb{N}; 0 \times n = 0$.

(4) $\forall a, b \in \mathbb{N}; \forall n \in \mathbb{N}; (a + b) \times n = a \times n + b \times n$.

(5) $\forall a \in \mathbb{N}; a \times 1 = a$.

(6) $\forall a \in \mathbb{N}, \forall m, n \in \mathbb{N}; a \times (m \times n) = (a \times m) \times n$.

22.2 ℕ の乗法の性質（その 4）

本節では, ここまでに得られていない ℕ の乗法についての性質を証明する.

定理 22.3. $(\mathbb{N}; \times, 1)$ は以下を満たす:

(1) $1 \neq 0$.

(2) $\forall m, n \in \mathbb{N}; m \times n = 1 \Rightarrow m = 1 \text{ and } n = 1$.

(3) $\forall n \in \mathbb{N}; 1 \times n = n$.

(4) $\forall m, n \in \mathbb{N}; m \times n = n \times m$.

(5) $\forall a_1, a_2, b_1, b_2 \in \mathbb{N}; \begin{cases} a_1 + a_2 = b_1 + b_2 \\ a_1 \times a_2 = b_1 \times b_2 \end{cases} \Rightarrow \{a_1, a_2\} = \{b_1, b_2\}$.

Proof. (1) ペアノの公理 (2) から従う.

(2) $n = 0$ と仮定する. このとき, 零化律から $m \times n = 0$ となって, これは (1) に矛盾.

一方, $n \neq 0$ と仮定する. このとき, $n = \sigma(n')$ $(n' \in \mathbb{N})$ と書ける. いま,

$$1 = m \times n = m \times \sigma(n') = m + m \times n'.$$

ゆえに, $m = 0 \text{ and } m \times n' = 1$ か $m = 1 \text{ and } m \times n' = 0$ が成り立つ.

$m = 0 \text{ and } m \times n' = 1$ と仮定すると, 零化律から $m \times n' = 0$ となって, (1) に矛盾. したがって, $m = 1 \text{ and } m \times n' = 0$ となるが, $n' = m \times n' = 0$ となって, $n = 1$ を得る.

(3) $n \in \mathbb{N}$ に関する帰納法で示そう.

$$P(n) :\Leftrightarrow 1 \cdot n = n \qquad (n \in \mathbb{N})$$

とおく. $\forall n \in \mathbb{N}; P(n)$ を示そう.

- $P(0)$. $1 \times 0 = 0$ より, $P(0)$ である.
- $P(n) \Rightarrow P(\sigma(n))$. $1 \times \sigma(n) = 1 + 1 \times n \overset{(帰)}{=} \sigma(0) + n = \sigma(0 + n) = \sigma(n)$.

以上より, (3) が成り立つ.

(4) $n \in \mathbb{N}$ に関する帰納法で示そう.

$$P(n) :\Leftrightarrow \forall m \in \mathbb{N}; n \times m = m \times n$$

とおく. $\forall n \in \mathbb{N}; P(n)$ を示そう.

- $P(0)$. 任意に $m \in \mathbb{N}$ をとる. このとき, $0 \times m = 0 = m \times 0$ より, $P(0)$ である.
- $P(n) \Rightarrow P(\sigma(n))$. 任意に $n \in \mathbb{N}$ をとる. このとき,

$$\sigma(n) \times m = (1+n) \times m = 1 \times m + n \times m \overset{(3,\ 帰)}{=} m + m \times n = m \times \sigma(n).$$

以上より, (4) が成り立つ.

(5) a_1, a_2, b_1, b_2 についての四重帰納法で示す.

$$P(a_1, a_2, b_1, b_2) :\Leftrightarrow \left(\begin{cases} a_1 + a_2 = b_1 + b_2 \\ a_1 \times a_2 = b_1 \times b_2 \end{cases} \Rightarrow \{a_1, a_2\} = \{b_1, b_2\}\right)$$

とおく.

- a_1, a_2, b_1, b_2 の中に 0 があるとき. 例えば, $b_2 = 0$ とする. このとき, 任意の $a_1, a_2, b_1 \in \mathbb{N}$ に対して,

$$P(a_1, a_2, b_1, 0) \Leftrightarrow \left(\begin{cases} a_1 + a_2 = b_1 + 0 \\ a_1 \times a_2 = b_1 \times 0 \end{cases} \Rightarrow \{a_1, a_2\} = \{b_1, 0\}\right)$$

である. さて, $P(a_1, a_2, b_1, 0)$ の仮定部分から, $a_1 \times a_2 = 0$. ゆえに, 定理 17.3 より, $a_1 = 0$ or $a_2 = 0$.

  - $a_1 = 0$ であれば $P(a_1, a_2, b_1, 0)$ の仮定部分から $a_2 = b_1$.
  - $a_2 = 0$ であれば $P(a_1, a_2, b_1, 0)$ の仮定部分から $a_1 = b_1$.

ゆえに, $\forall a_1, a_2, b_1 \in \mathbb{N}; P(a_1, a_2, b_1, 0)$ が成立する.

a_1, a_2, b_1 が 0 であった場合も同様である.

- $P(a_1, a_2, b_1, b_2) \Rightarrow P(\sigma(a_1), \sigma(a_2), \sigma(b_1), \sigma(b_2))$.
$\begin{cases} \sigma(a_1) + \sigma(a_2) = \sigma(b_1) + \sigma(b_2) \\ \sigma(a_1) \times \sigma(a_2) = \sigma(b_1) \times \sigma(b_2) \end{cases}$ とする. このとき,

$$\begin{cases} 1 + a_1 + 1 + a_2 = 1 + b_1 + 1 + b_2 \\ 1 + a_1 + a_2 + a_1 \times a_2 = 1 + b_1 + b_2 + b_1 \times b_2 \end{cases}$$

だから, 加法の簡約律から, $\begin{cases} a_1 + a_2 = b_1 + b_2 \\ a_1 \times a_2 = b_1 \times b_2. \end{cases}$ ゆえに, 帰納法の仮定より, $\{a_1, a_2\} = \{b_1, b_2\}$. したがって, $\{\sigma(a_1), \sigma(a_2)\} = \{\sigma(b_1), \sigma(b_2)\}$.

以上より, (5) が成り立つ. □

22.3 ℕの加法と乗法の性質のまとめ

ここまでの結果をまとめると次のようになる.

定理 22.4. $(\mathbb{N}; +, 0, \times, 1)$ は以下を満たす:

(1) $\forall \ell, m, n \in \mathbb{N}; \ell + (m + n) = (\ell + m) + n.$ (加法の結合律)

(2) $\forall n \in \mathbb{N}; n + 0 = n = 0 + n.$ (加法の単位律)

(3) $\forall m, n \in \mathbb{N}; m + n = n + m.$ (加法の可換律)

(4) $\forall \ell, m, n \in \mathbb{N}; \ell + n = m + n \Rightarrow \ell = m.$ (加法の簡約律)

(5) $\forall \ell, m, n \in \mathbb{N}; \ell \times (m \times n) = (\ell \times m) \times n.$ (乗法の結合律)

(6) $\forall n \in \mathbb{N}; n \times 1 = n = 1 \times n.$ (乗法の単位律)

(7) $\forall m, n \in \mathbb{N}; m \times n = n \times m.$ (乗法の可換律)

(8) $\begin{cases} 1 \neq 0, \\ \forall \ell, m, n \in \mathbb{N}; \ell \times n = m \times n \Rightarrow \ell = m \ \text{ or } \ n = 0. \end{cases}$

(乗法の簡約律)

(9) $\forall n \in \mathbb{N}; n \times 0 = 0 = 0 \times n.$ (零化律)

(10) $\forall \ell, m, n \in \mathbb{N}; \ell \times (m + n) = \ell \times m + \ell \times n.$ (分配律)

(11) $\forall a_1, a_2, b_1, b_2 \in \mathbb{N}; \begin{cases} a_1 + a_2 = b_1 + b_2 \\ a_1 \times a_2 = b_1 \times b_2 \end{cases} \Rightarrow \{a_1, a_2\} = \{b_1, b_2\}.$

補足 39. 乗法の簡約律は「$1 \neq 0$」と「$\forall \ell, m, n \in \mathbb{N}; \ell \times n = m \times n \Rightarrow \ell = m$ or $n = 0$」という 2 条件からなる. 文献によっては後半の条件のみを指して乗法の簡約律とする場合があるが, 本書では, この 2 条件を合わせて乗法の簡約律と称する.

補足 40. 足して 5, 掛けて 6 になる数は何か?という問いに対して, もちろん 2, 3 はその解であるが, 解はその組だけだろうか. 定理 22.4(11) は, 解が 2, 3 の組だけであることを主張している. 実際, $x + y - 5, x \times y - 6$ とすれば, $2 + 3 = 5, 2 \times 3 = 6$ と合わせて, $\begin{cases} x + y = 2 + 3 \\ x \times y = 2 \times 3 \end{cases}$ である. ゆえに, 定理 22.4(11) より, $\{x, y\} = \{2, 3\}$ である. 残念ながら (11) には特別な呼称がないので, そのまま公理 (11) と呼ぶことにする.

23 単元「[3] かけ算」

自然数の乗法の学習の基礎は, 次のふたつの単元である:

- 第二学年第二学期の単元「かけ算」と第二学年第三学期の単元「きまりさがし」(本書では「[2] かけ算」と称する)
- 第三学年第一学期の単元「かけ算」(本書では「[3] かけ算」と称する)

この単元は第三学年一学期 に配当される.
単元「[3] かけ算」の数学的目標は,

(1) 加法・乗法の性質

の習得である.

単元「[3] かけ算」の数学的目標は, 定理 22.1 と定理 22.3 の習得である.「[2] かけ算」と合わせたまとめとして定理 22.4 も大切である.

• 乗法の結合律: これは後に第三学年の単元「かけ算の筆算」で利用される. 例えば,「1 個 10 円のアメを 1 人に 2 個ずつ, 3 人のこどもに与えるとき, アメの総額はいくら？」のような問題は, 自然に結合律

$$10_{(\mathrm{A})} \times (2 \times 3) = (10_{(\mathrm{A})} \times 2) \times 3$$

を認識させられる問題である.

• 乗法の単位律: これは 1 の性質として最重要である.

• 乗法の可換律: これは後に第三学年の単元「わりざん」において, 等分除と包含除の等価性の根拠として必要となる.

• 公理 (11): これは加法と乗法の関係性を規定する性質であり, 後に有理数の導入をする際に利用される.

演習問題

問題 23. $\mathbb{N}$ の乗法の可換律を二重帰納法で証明せよ.

問題 24. $\mathbb{N}$ において, 連立方程式 $\begin{cases} x \times y = 18_{(\mathrm{A})} \\ x + y = 9 \end{cases}$ を解け.

24 $\mathbb{N}_+$ における整除関係と局所的除法

代数系 $(\mathbb{N}_+;\times,1)$ は簡約可換半群で,

- $\forall a,b\in\mathbb{N}_+; a\times b=1\Rightarrow a=1=b$

を満たすので, 11 節の内容がすべて適用できる. 本節では, 11 節で得られた結果を簡約可換半群 $(\mathbb{N}_+;\times,1)$ の場合に改めてまとめて記述する.

24.1 整除関係とその性質

定義 24.1. $\mathbb{N}_+$ 上の二項関係 $\sqsupseteq$ を

$$\begin{aligned} b\sqsupseteq a &\quad :\Leftrightarrow\quad \exists x\in\mathbb{N}_+; x\times a=b, \\ a\sqsubseteq b &\quad :\Leftrightarrow\quad \exists x\in\mathbb{N}_+; a\times x=b, \end{aligned}\qquad (a,b\in\mathbb{N}_+)$$

で定め, これを $\mathbb{N}_+$ 上の**整除関係**と呼ぶ.

補足 41. 演算 $\times$ は可換なので, $b\sqsupseteq a$ は $a\sqsubseteq b$ と同値である.

本書では $b\sqsupseteq a$ と表記しているが, 一般には $a\mid b$ と表記する. 本書でこの記法を用いるのは, 表記上で左右の区別 ($\sqsupseteq$ と $\sqsubseteq$ の区別) をしたいからである. $\mid$ では左右の区別ができない. 11 節の結果から, 以下を得る:

命題 24.1. 簡約可換半群 $(\mathbb{N}_+;\times,1)$ において, 以下が成り立つ:

(1) $\sqsupseteq$ は $\mathbb{N}_+$ 上の半順序関係である.

(2) $1\sqsubseteq a$.

(3) $x\sqsubseteq y\Leftrightarrow a\times x\sqsubseteq a\times y$.

24.2 逆演算とその性質

命題 24.2. 簡約可換半群 $(\mathbb{N}_+;\times,1)$ において, $a,b\in\mathbb{N}_+$ が $b\sqsupseteq a$ を満たすとき, $x\times a=b$ を満たす $x\in\mathbb{N}_+$ が一意に存在する.

定義 24.2. $x\times a=b$ を満たす $x\in\mathbb{N}_+$ が存在するとき, この (一意的な) x を $b\div a$ とあらわす. $\div$ を**局所的除法**と呼ぶ.

$\div$ は常に定義されるわけではないので, 局所二項演算である. $a\times x=b$ を満たす $x\in\mathbb{N}_+$ を $a\dot{\div} b$ とあらわすと, $\mathbb{N}_+$ の可換性から $b\div a=a\dot{\div} b$ となる. 区別するときは, $b\div a$ を**等分除**, $a\dot{\div} b$ を**包含除**と呼ぶ.

11 節の結果から, 以下の命題はすでに証明されている:

命題 24.3. 以下が成り立つ:

(1) $a \times b \sqsupseteq b$ であり, $(a \times b) \div b = a$.

(2) $c \sqsupseteq b$ ならば, $(c \div b) \times b = c$.

(3) $c \sqsupseteq b$ ならば, $c \div b \sqsubseteq c$ で, $b = (c \div b) \leftharpoondown\!\div c$.

(4) $c_1 \sqsupseteq b, c_2 \sqsupseteq b$ ならば, $c_1 \div b = c_2 \div b \Rightarrow c_1 = c_2$. (右簡約律)

(5) $c \sqsupseteq b_1, c \sqsupseteq b_2$ ならば, $c \div b_1 = c \div b_2 \Rightarrow b_1 = b_2$. (左簡約律)

命題 24.4. 以下が成り立つ:

(1) (a) $a \sqsupseteq 1$.
   (b) $a \div 1 = a$. (右単位律)

(2) (a) 以下は同値:
   i. $d \sqsupseteq b \times c$.
   ii. $d \sqsupseteq c, d \div c \sqsupseteq b$.
   (b) i, ii が成り立つとき, $d \div (b \times c) = (d \div c) \div b$. (結合律)

(3) $c \sqsupseteq b$ and $a \sqsupseteq c \div b$ ならば,
   (a) $a \times b \sqsupseteq c$.
   (b) $a \div (c \div b) = (a \times b) \div c$. (結合律)

(4) $a \sqsupseteq c$ ならば,
   (a) $b \times a \sqsupseteq c$.
   (b) $b \times (a \div c) = (b \times a) \div c$. (結合律)

(5) (a) $a \sqsupseteq a$.
   (b) $a \div a = 1$. (左単位律)

上述の (2)(3)(4) にはいずれも前提条件が付いていることに注意せよ. そもそも局所的除法はすべての元に対して定義されていないので, 割れるときしか割れない. この「割れる」という条件が整除関係 $\sqsupseteq$ で表現されている.

25　単元「かけ算を使って」

この単元は第三学年一学期の単元「わり算」より前 に配当される.
単元「かけ算を使って」の数学的目標は,

(1) 自然数の乗法の簡約律　　(2) 自然数の積への分解

の習得である.

単元「かけ算を使って」は, 単元というほど大きなものではないが, 後続単元の「わり算」へ向けた重要な準備になっている.

この単元では

- 方程式 $\square \times a = b$
- 方程式 $a \times \square = b$

を扱う. 乗法の簡約律により, a が 0 でない限り, 解は一意的である (存在するとは限らない). 解が存在するための条件は $b \sqsupseteq a$ である. 本単元では, $b \sqsupseteq a$ なる $a, b \in \mathbb{N}_+$ を具体的に提示して上述の方程式を解かせるのである.

前者の方程式は**等分除方程式**と呼ぶべきもので, 単元「わり算」ではこの方程式の解あるいはそれを求める方法を**等分除**と呼ぶ.

一方, 前者の方程式は**包含除方程式**と呼ぶべきもので, 単元「わり算」ではこの方程式の解あるいはそれを求める方法を**包含除**と呼ぶ.

本単元で留意したいことは乗法の簡約律の理解である. 乗法の簡約律があるからこそ解が一意的になるのである. また, $b \sqsupseteq a$ の関係が成り立っていることにも留意したい. $b \sqsupseteq a$ が成り立っているからこそ解が存在するのである.

演習問題

問題 25. $\mathbb{N}$ において, 方程式 $3 \times x = 18_{\text{(A)}}$ を解け.

問題 26. $\mathbb{N}$ において, 方程式 $x \times 5 = 15_{\text{(A)}}$ を解け.

26 単元「わり算」

いわゆる「割り算」には, 三種類ある. 局所的除法・余り付き除法・除法である. 第三学年では, この三種の割り算の基本的な考え方を学習する.

	単元	時期	7 ÷ 3 の答え	6 ÷ 3 の答え
局所的除法	わり算	一学期	割れない	2
余り付き除法	あまりのあるわり算	一/二学期	2 あまり 1	2 あまり 0
除法	分数	二/三学期	$\frac{7}{3}$	$\frac{6}{3}=\frac{2}{1}=2$

これらの割り算に対して, 7 ÷ 3 と 6 ÷ 3 を例に考えてみると, 上のようになり, 違いが明確になる. 単元「わり算」は, 割り算指導の最初の単元であり, 局所的除法を扱う. 単元「わり算」を扱うときは, まず, この一連の流れにおける位置づけを見た方が良い. また, 単元「わり算」は第三学年第一学期の単元「[3] かけざん」の後に (直後とは限らないが) 扱われる. 同様に, 単元「わり算」を指導するときは, 単元「[3] かけざん」との関連性にも注意するべきであろう.

割り算の分類には, 局所的除法・余りつき除法・除法の 3 分類のほかに, 等分除・包含除という 2 分類があると言われる. 等分除・包含除というのは算数教育学上で使われる用語であり, 数学的に意味はやや不明確である. 本書では, これらを数学的に定式化する. すると, 小単元「一人分をもとめる計算」では等分除の問題を扱うのに対して, 小単元「何人分をもとめる計算」では包含除の問題を扱うことになる.

この単元は第三学年第一学期 に配当される.

単元「わり算」の数学的目標は,

(1) 自然数の局所的除法 (2) 局所的除法の素過程 (3) 商集合

の習得である.

(1):自然数の局所的除法　自然数の局所的除法を理解するためには, 自然数の局所的除法の

(a) 定義; (b) 計算法; (c) 性質;

の理解が必要になる.

(a):局所的除法の定義　児童にとって, 自然数の局所的除法の定義の理解とは, 等分除 と包含除 という 2 種類の割り算の習得を意味する. ここで,

- 等分除とは, 関係式 $a \times b = c$ において, b と c から a を
- 包含除とは, 関係式 $a \times b = c$ において, a と c から b を

求める計算を指す. これは本書における数学的定義であって, 算数教育学における用法と概ね一致するように定義しているが, 必ずしも完全に一致しているわけではないことに注意する.

例えば,「かけざん」の観点で, $4 \times 3 = 12_{(A)}$ は,

4 個のリンゴが入った箱が 3 箱あると, リンゴは全部で $12_{(A)}$ 個ある

ということを意味する. この例を基に, 等分除と包含除について考えよう.

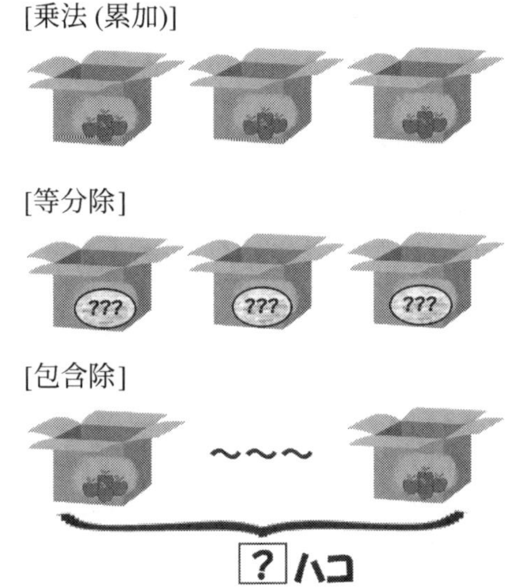

$4 \times 3 = 12_{(A)}$ において, 4 と 3 から $12_{(A)}$ を求めるのが乗法. 乗法は (ひとつ分)×(いくつ分) という理解が基本.

$4 \times 3 = 12_{(A)}$ において, $12_{(A)}$ と 3 から 4 を求めるのが等分除. (ひとつ分) を求めるのが等分除.

$4 \times 3 = 12_{(A)}$ において, 4 と $12_{(A)}$ から 3 を求めるのが包含除. (いくつ分) を求めるのが包含除.

小単元「0 のわり算」

単元「わり算」の目標の一つは (2) 局所的除法の素過程の習得, つまり,「除数が 1 から 9 までの範囲, 整商が 0 から 9 までの範囲にあるわり算」の習得であるが, これはふたつの部分からなる:

(I) 整商が 1 から 9 までの範囲の場合 (つまり被除数が 0 でない場合).

(II) 整商が 0 の場合 (つまり被除数が 0 の場合)($0 \div 2, 0 \div 3$ など).

このうち, (II) を指導する部分が小単元「0 のわり算」である.

小単元「一人分をもとめる計算」

等分除の学習がこの小単元のテーマである.

問題 27. 12 個のリンゴを持っています. 3 つの箱にこれを等しく分けました. 1 つの箱にリンゴは何個入っているでしょう.

いくつかの留意点について挙げておく:

- 計算には九九の表の縦の並び (列) が利用できること.

  基本の発問 「□には何が入るかな?『$\square \times 3 = 12$』」

- 等分除の記号 ÷ を導入する.

なお, 立式に単位を書かせる指導をしている場合, 基本的に (ひとつ分) の単位が組み立て単位になることに注意する[19].

小単元「何人分をもとめる計算」

包含除の学習がこの小単元のテーマである.

問題 28. 12 個のリンゴを持っています. いくつかの箱にこれを等しく分けました. 1 つの箱にリンゴは 3 個入りました. 箱はいくつあるでしょう.

いくつかの留意点について挙げておく:

- 計算には九九の表の横の並び (行) が利用できること.

  基本の発問 「□には何が入るかな?『$4 \times \square = 12$』」

- 包含除の記号 ÷ を導入する.

(b):局所的除法の計算法　実際に計算できることを意味する. 基本的に次の二段階でなされる. $4 \times 3 = 12_{(\mathtt{A})}$ を例に説明する.

step 1) $12_{(\mathtt{A})} \div 3 = 4$ が成り立つことを納得させる.

step 2) $12_{(\mathtt{A})} \div 3 = 4$ が成り立つことを暗記させる.

step 1) $4 \leftarrow\!\div\, 12_{(\mathtt{A})} = 3$ が成り立つことを納得させる.

step 2) $4 \leftarrow\!\div\, 12_{(\mathtt{A})} = 3$ が成り立つことを暗記させる.

---

[19]組立単位とは, m^2 とか 個/人 とか 個/回 のような基本的な単位の乗除であらわされる単位のことである. 算数科では分数表記される組立単位の利用に (現在は) 消極的である.

step 2) は割り算カードによってなされるが, これについては, 章を改めて解説することにして, ここでは step 1) のための方法をふたつ紹介する.

方法１　実践的な方法である. 例えば, 等分除であれば,

12 個のリンゴを用意する. これを 3 つの箱に等しく分ける.
1 つの箱を覗くと 4 個になっている. だから, $12 \div 3 = 4$.

この方法も悪くはない. ただし, 前章で述べたとおり注意が必要である. この方法では, 実際にやってみる (実際に数えてみる) ことを推奨する. 結果, 考えるよりも前に数えようとする方向に向かう.

方法２　方法２はより数学的な方法であり, 掛け算を根拠とする.

- $4 \times 3 = 12_{(A)}$ であるから, $12_{(A)} \div 3 = 4$ である;
- $4 \times 3 = 12_{(A)}$ であるから, $4 \leftarrow\!\!\div 12_{(A)} = 3$ である;

という理解を推奨する. 運用上は方法１と方法２を併用するのが良い.

(c):局所的除法の性質　これは局所的除法の性質 (計算法則) の理解, つまり, 24 節の定理の理解を意味する.

等分除の方が簡単？

等分除と包含除というのは数学的には掛け算の表を縦に見るか横に見るかの違いしかなく, 数学的問題点はあまり大きくない. これは「方法２」として紹介したものである. ここでは, もう少し深めて考察したい.

例えば, 次の問題に戻ってみよう:

問題 29. 12 個のリンゴを持っています. 3 つの箱にこれを等しく分けました. 1 つの箱にリンゴは何個入っているでしょう.

さて, これは等分除の問題であろうか. 実は必ずしも等分除の問題とは言えないのである. 当然, 答えは 4 になるが, いま児童はこの「4」をまだ知らないとして, 児童がどのように「4」を獲得するのか考えてみよう. おそらく多数派の児童は,

- まず, 3 つの箱にひとつずつリンゴを入れる.
- まだ 9 個残っているから, 3 つの箱にさらにひとつずつ入れる.
- まだ 6 個残っているから, 3 つの箱にさらにひとつずつ入れる.
- まだ 3 個残っているから, 3 つの箱にさらにひとつずつ入れる.
- これで全てのリンゴを箱に入れ終わった.

という手順を踏むであろう. ここで気をつけたいのは, この児童は

$$3[個/回] \times 4[回] = 12[個]$$

という操作をしているということである. つまり, この児童にとって「4」は包含除の解であって, 等分除の解ではない. 考えてみると, 我々は包含除の方が素朴に実行できる. 等分除は包含除の考え方を援用しているのである. 一方で, 包含除はとても簡単である. 例えば,

問題 30. 12 個のリンゴを持っています. いくつかの箱にこれを等しく分けました. 1 つの箱にリンゴは 4 個入りました. 箱はいくつあるでしょう.

においては,

- まず, 1 つの箱に 4 個リンゴを入れる.
- まだ 8 個残っているから, 次の箱に 4 個リンゴを入れる.
- まだ 4 個残っているから, 次の箱に 4 個リンゴを入れる.
- これで全てのリンゴを箱に入れ終わった.

という手順を踏むであろう. ここでは素直に包含除が実行される.

わり算：まとめ

乗法の可換性から等分除と包含除は等価である. 例えば, 問題 29 が二通りの解釈を持つのも乗法の可換性が根拠である. ある文章問題が等分除の問題であるか包含除の問題であるかは, その文章問題自体が決めることではなく, それを解釈する児童が決めることである. したがって, 教師は発問の仕方に注意を払うべきであろう. 例えば (等分除の問題と包含除の問題を指して)「この問題とこの問題はどこが違うかな」という発問は本来不適切である. このような違いは, 算数科として淘汰されるべき違いであって, これを強調するのは本末転倒である. まとめの際にはむしろ等分除と包含除が同じであることを強調してもよいくらいである. 等分除と包含除のまとめとして重要なのは,「どちらも割り算で計算できる」という観点である. したがって, 単元「[2][3] かけ算」で乗法の可換性の指導が特に重要であると言える.

(2):局所的除法の素過程　これについては章を改めて解説する.
(3):商集合　児童にとって, 商集合を理解することは,

(a) もとの集合 X が分かっていること;

(b) 集合 X の商集合が理解できていること. 具体的には,

- どの類も空でないこと;
- どの異なるふたつの類も共通部分がないこと;
- 全ての元が何らかの類に属すこと;

(c) 商集合の階層, 類の階層, 元の階層が区別できること;

を意味する. 例えば, 「12 個のリンゴを 3 人に配る」という場面では,

(a) 12 個のリンゴからなる集合 X が想定できること;

(b) 集合 X を空でない部分集合 A, B, C に分割して, 商集合 $\{A, B, C\}$ が構成できること;

(c) 例えばこの 3 人を A 君, B 君, C 君として, 商集合の階層は「12 個のリンゴを A,B,C に配る」という描像そのものを指す. 類の階層は, 個別の A, B, C のことである. A 君の持っているリンゴの集合を A とすれば, A 君, B 君, C 君の違いを理解することとも言える. また, 元の階層は, 個別のリンゴのことである.

を意味する.

演習問題

問題 31. 定義に基づいて $12_{(\mathrm{A})}/3 = 4$ を証明せよ.

第 V 部
素過程

27　Archimedes の原理と除法の原理

27.1　Archimedes (アルキメデス) の原理

Archimedes の原理

定理 27.1. $(\mathbb{N}; +, 0, \leq)$ は Archimedes の原理を満たす:

$$\forall a, b \in \mathbb{N}; b > 0 \Rightarrow \exists n \in \mathbb{N} \text{ s.t. } b \times n > a.$$

Proof. $a, b \in \mathbb{N},\ b > 0$ を任意に取る. このとき, $b \geqq 1$. したがって,

$$a < a + 1 = 1 \times (a + 1) \leqq b \times (a + 1)$$

より, $n := a + 1$ とおけばよい. □

Archimedes[20]の原理[21]は本書ではこの後述べる除法の原理の証明に利用するだけだが, 数の拡張の文脈では基本的な性質の一つである.

補足 42. 実数体を構成する際に連続性公理の一部をなす.

27.2　除法の原理

$a, b \in \mathbb{N}\ (b \neq 0)$ に対して,

$$Q := \left\{ n \in \mathbb{N} \;\middle|\; b \times n \leq a \right\} \quad \subseteq \mathbb{N},$$

と定める.

定理 27.2. 以下が成り立つ:

(1) $Q \ni m \geq n \Rightarrow n \in Q$.

(2) $Q \neq \varnothing$.

(3) $Q \neq \mathbb{N}$.

(4) $(Q; \leq)$ は最大元を持つ.

---

[20]—前 212 年. ギリシア. Archimedes.

[21]同名の原理で, 浮力に関する Archimedes の原理があるが, 本書の Archimedes の原理は, 当然浮力とは関係ない.

Proof. (1) $m \geq n$ より, $m = n + \ell$ $(\ell \in \mathbb{N})$ と書ける. このとき, $Q \ni m$ とすれば,

$$a \geq b \times m = b \times (n + \ell) = b \times n + b \times \ell \geq b \times n.$$

したがって, $n \in Q$.

(2) $b \times 0 = 0 \leq a$ より, $0 \in Q$ なので, Q は空でない.

(3) Archimedes の原理より, $n \notin Q$ が存在する. したがって, $Q \neq \mathbb{N}$.

(4) (1) より, Q は $\mathbb{N}$ の切片であるか $\mathbb{N}$ と一致する. したがって, (3) より, Q は $\mathbb{N}$ の切片である. ゆえに, (2) より $(Q; \leq)$ は空でない有限整列順序集合である. したがって, Q は最大元を持つ. □

除法の原理

定理 27.3. $a, b \in \mathbb{N}$ $(b \neq 0)$ とする. このとき, $\begin{cases} a = b \times q + r \\ r \ngeq b \end{cases}$ となる $q \in \mathbb{N}, r \in \mathbb{N}$ が一意に存在する.

Proof. $Q := \left\{ n \in \mathbb{N} \,\middle|\, b \times n \leq a \right\}$ とおけば, 定理 27.2 (4) より, Q は最大元 $q \in \mathbb{N}$ を持つ. いま, $b \times q \leq a$ であるから, $a = b \times q + r$ $(r \in \mathbb{N})$ と書ける.

いま, $r \geq b$ と仮定すれば, $r = b + c$ $(c \in \mathbb{N})$ と書け,

$$a = b \times q + r = b \times q + b + c = b \times q + b \times 1 + c = b \times (q + 1) + c$$

より, $b \times (q + 1) \leq a$ となって, q の最大性に矛盾する. したがって, $r \ngeq b$ である.

(一意性) $(q', r') \in \mathbb{N} \times \mathbb{N}$ を上とは別の解とする. このとき, $q' \in Q$ であるから, $q' \leqq q$. さて, $q' < q$ と仮定する. このとき,

$$a = b \times q + r = b \times (q' + (q - q')) + r = b \times q' + \bigl(b \times (q - q') + r\bigr)$$

であるが,

$$r' = b \times (q - q') + r \geq b \times (q - q') \geq b \times 1 = b$$

これは矛盾. ゆえに, $q' = q$. したがって, $r' = r$. □

定義 27.1. 定理 27.3 における $q \in \mathbb{N}$ を**商**と呼び, $\left\lfloor \frac{a}{b} \right\rfloor$ とあらわす. また, 定理 27.3 における $r \in \mathbb{N}$ を**余り (剰余)** と呼び, $a\%b$ とあらわす.

これは正確に言えば余り付き包含除の商と余りである.

補足 43. 商をあらわす $\left\lfloor \frac{a}{b} \right\rfloor$ という記号は今のところこれでひとまとまりだが, 将来的には分数と床関数の組み合わせとして解釈できるようになる.

次の命題は, 不等式評価の際に役立つ.

商の評価

命題 27.4. 余りつき除法の商について, 以下が成り立つ:

(1) $a \le a'$ and $0 \ne b$ のとき, $\left\lfloor \frac{a}{b} \right\rfloor \le \left\lfloor \frac{a'}{b} \right\rfloor$.

(2) $0 \ne b$ and $b \le b'$ のとき, $\left\lfloor \frac{a}{b} \right\rfloor \ge \left\lfloor \frac{a}{b'} \right\rfloor$.

Proof. (1) $a \le a'$ より, $a + a_0 = a'$ ($a_0 \in \mathbb{N}$) と書ける. いま,

$$a' = b \times \left\lfloor \frac{a'}{b} \right\rfloor + a'\%b, \qquad a = b \times \left\lfloor \frac{a}{b} \right\rfloor + a\%b, \qquad a_0 = b \times \left\lfloor \frac{a_0}{b} \right\rfloor + a_0\%b$$

であるから,

$$\begin{aligned}
b\times\left\lfloor \frac{a'}{b} \right\rfloor + a'\%b = a' = a + a_0 &= \left(b \times \left\lfloor \frac{a}{b} \right\rfloor + a\%b\right) + \left(b \times \left\lfloor \frac{a_0}{b} \right\rfloor + a_0\%b\right) \\
&= b \times \left(\left\lfloor \frac{a}{b} \right\rfloor + \left\lfloor \frac{a_0}{b} \right\rfloor\right) + (a\%b + a_0\%b) \\
&= b \times \left(\left\lfloor \frac{a}{b} \right\rfloor + \left\lfloor \frac{a_0}{b} \right\rfloor\right) + b \times \left\lfloor \frac{a\%b + a_0\%b}{b} \right\rfloor + (a\%b + a_0\%b)\%b \\
&= b \times \left(\left\lfloor \frac{a}{b} \right\rfloor + \left\lfloor \frac{a_0}{b} \right\rfloor + \left\lfloor \frac{a\%b + a_0\%b}{b} \right\rfloor\right) + (a\%b + a_0\%b)\%b.
\end{aligned}$$

除法の原理より商は一意だから, $\left\lfloor \frac{a'}{b} \right\rfloor = \left\lfloor \frac{a}{b} \right\rfloor + \left\lfloor \frac{a_0}{b} \right\rfloor + \left\lfloor \frac{a\%b + a_0\%b}{b} \right\rfloor \ge \left\lfloor \frac{a}{b} \right\rfloor$.

(2) $b \le b'$ より, $b + b_0 = b'$ ($b_0 \in \mathbb{N}$) と書ける. いま,

$$a = b \times \left\lfloor \frac{a}{b} \right\rfloor + a\%b, \qquad a = b' \times \left\lfloor \frac{a}{b'} \right\rfloor + a\%b'$$

であるから,

$$\begin{aligned}
b\times\left\lfloor \frac{a}{b} \right\rfloor + a\%b = a = b' \times \left\lfloor \frac{a}{b'} \right\rfloor + a\%b' &= (b + b_0) \times \left\lfloor \frac{a}{b'} \right\rfloor + a\%b' \\
&= b \times \left\lfloor \frac{a}{b'} \right\rfloor + b_0 \times \left\lfloor \frac{a}{b'} \right\rfloor + a\%b' \\
&= b \times \left\lfloor \frac{a}{b'} \right\rfloor + b \times \left\lfloor \frac{b_0 \times \left\lfloor \frac{a}{b'} \right\rfloor + a\%b'}{b} \right\rfloor + (b_0 \times \left\lfloor \frac{a}{b'} \right\rfloor + a\%b')\%b \\
&= b \times \left(\left\lfloor \frac{a}{b'} \right\rfloor + \left\lfloor \frac{b_0 \times \left\lfloor \frac{a}{b'} \right\rfloor + a\%b'}{b} \right\rfloor\right) + (b_0 \times \left\lfloor \frac{a}{b'} \right\rfloor + a\%b')\%b
\end{aligned}$$

除法の原理より商は一意だから, $\left\lfloor \frac{a}{b} \right\rfloor = \left\lfloor \frac{a}{b'} \right\rfloor + \left\lfloor \frac{b_0 \times \left\lfloor \frac{a}{b'} \right\rfloor + a\%b'}{b} \right\rfloor \geq \left\lfloor \frac{a}{b'} \right\rfloor$. □

命題 27.5. $a, b \in \mathbb{N}$ $(b \neq 0)$, $n \in \mathbb{N}$ $(n > 0)$ とすると, 余り付き除法について, $0 \neq b \times n$ であり, $\left\lfloor \frac{a}{b} \right\rfloor = \left\lfloor \frac{a \times n}{b \times n} \right\rfloor$ かつ $(a\%b) \times n = (a \times n)\%(b \times n)$.

Proof. $0 \neq b \times n$ は明らか.

$$a = b \times \left\lfloor \frac{a}{b} \right\rfloor + a\%b, \qquad a \times n = (b \times n) \times \left\lfloor \frac{a \times n}{b \times n} \right\rfloor + (a \times n)\%(b \times n),$$

であるから,

$$a \times n = \left(b \times \left\lfloor \frac{a}{b} \right\rfloor + a\%b\right) \times n = (b \times n) \times \left\lfloor \frac{a}{b} \right\rfloor + ((a\%b) \times n).$$

いま, $a\%b \ngeq b$ であるから, $(a\%b) \times n \ngeq b \times n$. 除法の原理より商と余りは一意だから, $\left\lfloor \frac{a}{b} \right\rfloor = \left\lfloor \frac{a \times n}{b \times n} \right\rfloor$ かつ $(a\%b) \times n = (a \times n)\%(b \times n)$. □

27.3 商の評価

定理 27.6. $a, b \in \mathbb{N}$ $(b \neq 0)$ とするとき, $a \div b$ の商を q とすると,

(1) $a \geq q$.

(2) $b \geq 2$ ならば $a > q$ or $a = 0$.

Proof. (1) $b \geq 1$ だから, $a = b \times q + r \geq b \times q \geq 1 \times q = q$.

(2) $q > 0$ の場合, $b \geq 2$ だから, $a = b \times q + r \geq b \times q \geq 2 \times q > q$. 一方, $q = 0$ の場合, 明らかに, $a > 0 = q$. □

28　単元「あまりのあるわり算」

いわゆる「割り算」には, 三種類ある. 局所的除法・余り付き除法・除法である. 第三学年では, この三種の割り算の基本的な考え方を学習する.

	単元	時期	7 ÷ 3 の答え	6 ÷ 3 の答え
局所的除法	わり算	一学期	割れない	2
余り付き除法	あまりのあるわり算	一/二学期	2 あまり 1	2 あまり 0
除法	分数	二/三学期	$\frac{7}{3}$	$\frac{6}{3}=\frac{2}{1}=2$

これらの割り算に対して, 7 ÷ 3 と 6 ÷ 3 を例に考えてみると, 上のようになり, 違いが明確になる. 単元「あまりのあるわり算」を扱うときは, まず, 上述の割り算指導の一連の流れにおける位置づけを見た方が良い.

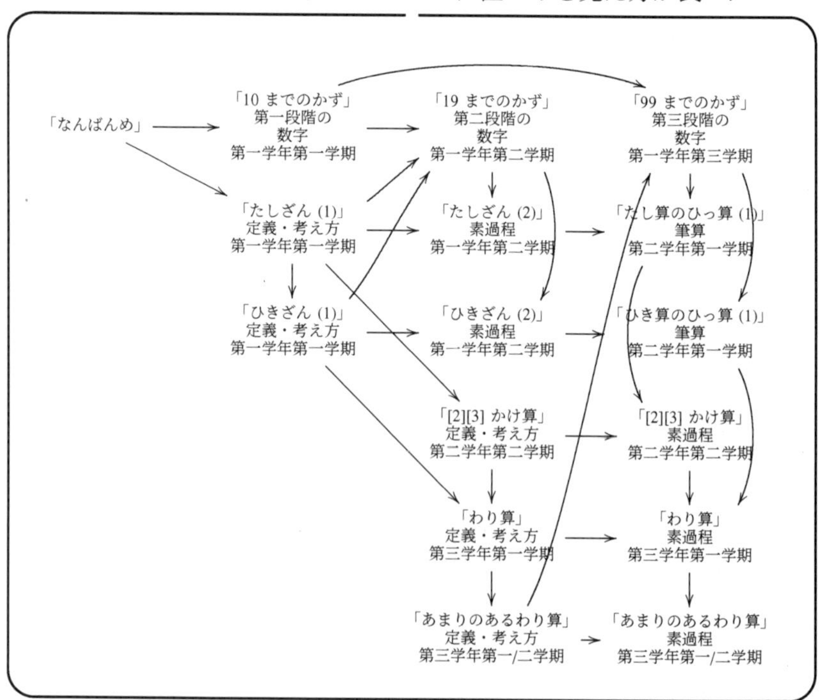

この単元は第三学年一/二学期 に配当される.

単元「あまりのあるわり算」の数学的目標は,

(1) 自然数の余り付き除法　(2) 商の評価　(3) 余り付き割り算の素過程の習得である.

(1):自然数の余り付き除法　自然数の余り付き除法を理解するためには, 自然数の余り付き除法の

(a) 定義;　　(b) 計算法;　　(c) 性質;

の理解が必要になる.

(a):余り付き除法の定義　児童にとって, 自然数の余り付き除法の定義を理解するとは, 余り付き等分除と余り付き包含除という 2 種類の割り算の習得を意味する. ここで,

- 余り付き等分除は, 関係式 $\begin{cases} a \times b + r = c \\ r < b \end{cases}$ において, b, c から a, r を
- 余り付き包含除は, 関係式 $\begin{cases} a \times b + r = c \\ r < a \end{cases}$ において, a, c から b, r を

求める計算を指す. これは本書における数学的定義であって, 算数教育学における用法とは必ずしも一致しないが, 算数教育学における用法は厳密でないので, 本書では採用しない[22].

例えば, 「かけざん」の観点で, $4 \times 3 + 2 = 14$ は,

4 個のリンゴが入った箱が 3 箱と, 箱の外に 2 個のリンゴがあると, リンゴは全部で 14 個ある

ということを意味する. この例を基に, 求残と求差について考えよう.

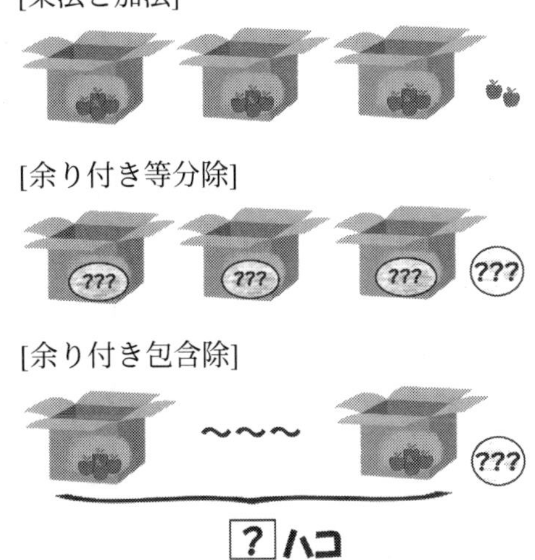

$4 \times 3 + 2 = 14$ において, 4 と 3 と 2 から 14 を求める計算が余り付き除法の基本的な背景.

$4 \times 3 + 2 = 14$ において, 14 と 3 から 4 と 2 を求めるのが余り付き等分除. (ひとつ分) と (余り) を求めるのが余り付き等分除.

$4 \times 3 + 2 = 14$ において, 4 と 14 から 3 と 2 を求めるのが余り付き包含除. (いくつ分) と (余り) を求めるのが余り付き包含除.

---

22) とはいえ, 概ね一致するように定義している.

余り付き等分除

問題 32. 14 個のリンゴを持っています. 3 つの箱にこれを等しく分けました. 1 つの箱にリンゴは何個入るでしょう. また, 箱に入らないリンゴは何個でしょう.

いくつかの留意点について挙げておく:

- 基本の発問 1 「□と△には何が入るかな?『$\square \times 3 + \triangle = 14$』」

  解: $(\square, \triangle) = (0, 14), (1, 11), (2, 8), (3, 5), (4, 2)$.

  原則に戻れば, この発問が基本だが, これをこのまま発問しても難しい. 多変数の方程式は第三学年には難しいからだ. しかし, この形の式を児童が見ること自体が重要であり, 慣れさせる意味もあるので, 式を書いた上で,

  - たとえば,「一つの箱に 2 個ずつリンゴを入れたら, いまリンゴは全部で何個入れた?」と問いつつ, □に 2 を記入する: $\boxed{2}\times3+\triangle = 14$.
  - 児童「6 個」
  - 教師「じゃあ, まだ箱に入れていないリンゴは何個残っている?」と問いつつ, 6 個と書く: $\underbrace{\boxed{2} \times 3}_{6\text{個}} + \triangle = 14$. 同時に左手で 6 を指しつつ「$\boxed{2} \times 3$」を隠す. 児童からは $6 + \triangle = 14$ が見える.
  - 児童「8 個」

  この手順であれば, 児童は答えられる. 続けて「じゃあ, 3 個ずつ入れた場合は?」などと聞いて, あるいは「逆に 1 個ずつだったら?」などと聞いて, 解 $(\square, \triangle)$ をすべて答えさせる.

- 基本の発問 2 「□と△には何が入るかな? $\begin{cases} \square \times 3 + \triangle = 14 \\ \triangle < 3 \end{cases}$」

  $(\square, \triangle) = (4, 2)$.

  発問 1 の後であれば, 答えられる. ここまでの一連のプロセスは, 教師が児童に答えやすいように誘導してあげた方がよい.

余り付き包含除

問題 33. 14 個のリンゴを持っています. いくつかの箱にこれを等しく分けました. 1 つの箱にリンゴは 3 個入りました. 箱はいくつあるでしょう. また, 箱に入らないリンゴは何個でしょう.

いくつかの留意点について挙げておく:

- 基本の発問 1　「□と△には何が入るかな?『$4 \times \square + \triangle = 14$』」
  $(\square, \triangle) = (0, 14), (1, 10), (2, 6), (3, 2)$.
  あまりつき等分除と同様の聞き方をする.
- 基本の発問 2　「□と△には何が入るかな? $\begin{cases} 4 \times \square + \triangle = 14 \\ \triangle < 4 \end{cases}$」
  $(\square, \triangle) = (3, 2)$.

論点:　感覚的な意味を理解することも重要であるが, 式を見て考えられるようになることも重要である. 「$b \times \square + \triangle = a$」という形の式に目を慣れさせることが重要である. 特に, 左辺 $b \times \square + \triangle$ を「 b が□つ分とあと△個」と理解できることが重要.

等分除と包含除はどっちが先か問題

局所的除法には等分除・包含除という 2 種類があると言った. これは余りつき除法についても同様である.

そもそも算数科において児童が最初に接する割り算は包含除である. これは第一学年の単元「99 までのかず」で現れる. 例えば, 74 本の鉛筆があるとして, 児童はこれが 74 本あることをまだ知らないとする. 本数を数えたい. どのように数えるであろうか. まず, 10 のまとまりを作って, 10 のまとまりがいくつあるかを数えるはずである. つまり,

第一学年:「99 までのかず」の指導においては余り付き包含除を利用する

と言える. これについては章を改めて述べることにする.

一方で, 第四学年の単元「わり算の筆算」において, $74 \div 3$ を例に考えてみよう. 割り算の筆算においては, 10 の位から計算する. ここで, 「2 を立てる」部分では, 「7 を 3 つに分けた一つ分」を求めている. つまり,

$$\begin{array}{r} 2 \\ 3\,\overline{)\,74} \end{array}$$

第四学年:「わり算の筆算」の指導においては余り付き等分除を利用する

と言える. これについても章を改めて述べることにする.

第三学年の単元「あまりのあるわり算」では, 余り付き等分除から始めるか余り付き包含除から始めるが教科書会社によって異なるが, 以上のことから言えるのは, 余り付き除法は, 余り付き包含除から始まり, 余り付き等分除へと向かっていくということである.

(b):余り付き除法の計算法　実際に計算できることを意味する. 基本的に次の二段階でなされる. $4 \times 3 + 2 = 14$ を例に, 余り付き等分除の場合を説明する.

方法１　実践的な方法である.

> 14 個のリンゴを用意する. これを 3 つの箱に等しく分ける.
> 2 個のリンゴが分けられずに余り, 1 つの箱を覗くと 4 個になっている.
> だから, $12 \div 3 = 4$ あまり 2.

方法２　方法２はより数学的な方法であり, 掛け算と足し算の計算を根拠とする.

- $4 \times 3 + 2 = 14$ であるから, 「$14 \div 3 = 4$ あまり 2」である;

という理解を推奨する. 運用上は方法１と方法２を併用するのが良いが, 第三学年であれば, そろそろ方法２の方を主体に据えた方がよいだろう.

(c):余り付き除法の性質　これは性質 (計算法則)

- $a \leqq b \Leftrightarrow a + c \leqq b + c$;
- “$a \leqq b$ or $n = 0$” $\Leftrightarrow a \times n \leqq b \times n$;

を理解することを意味する.

これらは, 加法と順序の関係, 乗法と順序の関係をあらわす最も基本的な性質と言える. 単元「あまりのある割り算」を理解する上で, 前提となる性質であるが, 算数科の単元の中でこの性質に焦点を当てた単元はないので, ここで挙げておく.

(2):評価　ふたつの余りつき除法について,

- 除数が同じときの商の比較
- 被除数が同じときの商の比較
- 商と約分の関係

が基本である.

単元「あまりのあるわり算」は代数 (A 領域) と解析 (C 領域) をつなぐ単元であり, この単元での評価の学習が解析的性質の基礎を構成する.

(3):素過程の学習については章を改めて解説する.

演算の観点から

まず,「足し算」「引き算」「掛け算」「割り算」「あまりのある割り算」を演算の観点から分類しよう.

	例	定義域	余定義域
二項演算	足し算・掛け算	$\mathbb{N}\times\mathbb{N}$	$\mathbb{N}$
局所的二項演算	引き算・割り算	$\mathbb{N}\times\mathbb{N}$ の真部分集合	$\mathbb{N}$
特殊な演算	あまりのある割り算	$\mathbb{N}\times\mathbb{N}_+$	$\mathbb{N}\times\mathbb{N}$

用語を明確にしておく.

- X を集合とするとき, $X\times X$ から X への写像のことを X **上の二項演算**と呼ぶ. 足し算や掛け算は $\mathbb{N}$ 上の二項演算である.
- X を集合とするとき, $X\times X$ の真部分集合から X への写像のことを X **上の局所的二項演算**と呼ぶ. 引き算や割り算は $\mathbb{N}$ 上の局所的二項演算であり, 二項演算ではない.
  - 例えば, $2-5$ は定義されない. つまり, $(2,5)$ は引き算の定義域から除外される.
  - 例えば, $2\div 6$ は定義されない. つまり, $(2,6)$ は割り算の定義域から除外される.
- あまりのある割り算は二項演算でも局所的二項演算でもない (特別な呼称はない). 四則の場合は出力が一つ (和・差・積・商) であるのに対して, あまりのある割り算の場合, 出力がふたつ (商・余り) ある. これに対して, 商と余りはそれぞれが局所的二項演算の値である.

したがって, 本来, 局所的除法と余り付き除法を同じ記号 $\div$ であらわすのは不適切である.

演習問題

問題 34. 定義に基づいて (余り付き除法で) $14\div 3$ を計算せよ.

問題 35. 定義に基づいて $\left\lfloor\frac{14}{4}\right\rfloor = 3$ を証明せよ.

問題 36. 定義に基づいて $14\%4 = 2$ を証明せよ.

29 素過程

29.1 全体像

素過程というのは,「筆算を構成する基本要素」のことである. 例えば, $234_{(\mathrm{A})} + 685_{(\mathrm{A})}$ の筆算では, $\begin{array}{rrrr} & {}^{1} & & \\ & 2 & 7 & 3 \\ + & 4 & 9 & 5 \\ \hline & 7 & 6 & 8 \end{array}$ となるが, ここで, $\begin{array}{r} 3 \\ 5 \\ \hline 8 \end{array}$ も $\begin{array}{rr} {}^{1} & \\ & 7 \\ & 9 \\ \hline & 6 \end{array}$ も足し算の素過程を利用している. 全体像をみておこう.

素過程の習得

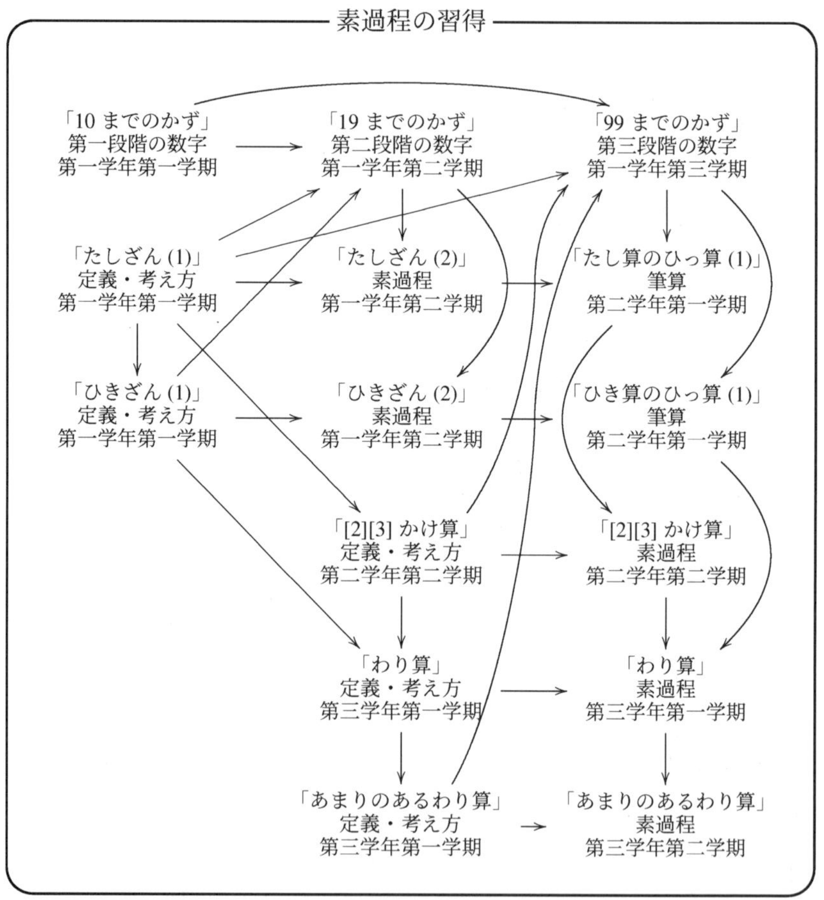

我々は, 既に足し算と引き算の素過程を習得しているが, 本節では, 掛け算・割り算・余りのある割り算の素過程について論ずる.

このようなことを考察する場合,

$$\text{定義} \quad \to \quad \text{定理} \quad \to \quad \text{素過程} \quad \to \quad \text{筆算}$$

という流れを理解することが重要である. そもそも, 数学における, 特に自然数における諸々の性質というのは, 個別の表示体系には依存しない. 性質は, A 進法でも 2 進法でも同じであり, 特定の表示法を用いずに証明される. 証明には変数を用い, 個別の数字として必要なのは 0 [加法の単位元] と 1 [乗法の単位元] だけである. そうすることで, 余計なことを考える必要がなくなり, 論理が鮮明になる.

しかし, 児童の算数の学習はそれとは異なる. 算数科においていつ変数を導入するかは大きな問題であり, 基本的に第一学年での利用はない. このことは, 「算数科では厳密な意味では定理 (性質) を説明することができない」ということを意味する. 例えば, 加法の結合法則「$\forall a, b, c \in \mathbb{N}; a+(b+c) = (a+b)+c$」を変数なしで説明することを考えれば, それが厳密には不可能であることが容易にわかる.

算数科では, このようなときに具体例による例証と帰納的推論を利用する[23). そのためには具体例が必要となる. これを実現するために自然数を数字で表記する必要がある. こうすることで, 数字を介して自然数一般の性質を例証することができる. 例えば, 「$2+(3+4) = (2+3)+4$」のように. ところが, このことが別の問題を生む.

それは, 有限個の digit では, すべての数を表記できないことである. 例えば, 第四学年では一万を扱うが, 一万までの数を digit だけで表記する為には一万一個の digit が必要となる. 自然数は無限個あるのでこれは無謀である. そこで, 位取り記数法を導入する. そうすれば, 十個 (A を含めて十一個) の digit を用意するだけで, 後はそれを並べるだけですべての自然数を規則的に表記できる. これが数字であった. ところが, このことがまた別の問題を生む.

それは, 任意桁の数字を一度に導入することが難しいことである. 既に述べたとおり, 第一学年だけでも数字の導入を三段階に分けている (10 まで・19 まで・99 まで). このように少しずつ桁数を増やしていく. ところが, このことがさらに別の問題を生む.

ひとつは, 例証ができなくなる場合があることである. 例えば, 第一段階の数字 (10 まで) までしか導入していない段階を考えよう. 7 も 8 も既に扱える. しかし, $7+8$ は扱えない. こうして, 「**数字の段階的な導入に即した計算法の段階的な指導**」が必要となる.

もうひとつは, 考察の主体が数から数字に移ってしまうことである. 本来, 数学における定理の証明は変数を用いて一般的に行なう. 例えば, 乗法であれば, 数学では $m \times n$ と書けば十分である. しかし, 児童には数字しか

---

23) これは小学校算数科に限った話ではなく, 中等数学科でも基本的な手法である.

見えない. したがって, m も n も数字で表記する必要がある. 加えて $m \times n$ 自体も数字で表記する必要がある. 例えば, 4×3 と $12_{(\mathtt{A})}$ が同じ数を意味することを理解する必要が生じる. これが (算数科における)「計算する」ということであった. 数を数字 (位取り記数法) であらわす場合, 例えば掛け算をどのように計算するであろうか. それが筆算であるが, これを個別具体的に計算するのでは digit のときと同様に無謀である. 計算は効率的である必要があるし, 計算法は規則的であるべきだ. そして, できる限りシンプルな計算要素の組合せで実現したい. これを実現するのが素過程である. こうして,「**効率的・規則的な計算を実現するための素過程の指導**」が必要となる.

29.2 単元「99 までのかず」

この単元は第一学年第三学期 に配当される.
単元「99 までのかず」の数学的目標は,

(1) 第三段階の数字　　(2) 99 までの数の系列性

の習得である.

29.2.1 第三段階の数字

自然数をあらわす数字には, 大きく分けて以下の 4 段階がある.

第一段階	$\mathtt{A} = 10_{(\mathtt{A})}$ まで	第一学年一学期
第二段階	$\mathtt{A} \times 2 - 1 = \mathtt{A} + \mathtt{A} - 1 = 19_{(\mathtt{A})}$ まで	第一学年二学期
第三段階	$\mathtt{A}^2 - 1 = \mathtt{A} \times \mathtt{A} - 1 = 99_{(\mathtt{A})}$ まで	第一学年三学期
第四段階	すべての数字	第四学年一学期

定理 29.1. $\beta \in \mathbb{N}$ $(\beta \geq 2)$ とするとき, $n \in \mathbb{N}$ について, 以下は同値:

(1) $n < \beta \times \beta$,

(2) $\left\lfloor \frac{n}{\beta} \right\rfloor < \beta$ and $n\%\beta < \beta$.

Proof. (1) ⇒ (2): $n < \beta \times \beta$ とする. いま, $n = \beta \times \left\lfloor \frac{n}{\beta} \right\rfloor + n\%\beta$ なので, $\beta \times \left\lfloor \dfrac{n}{\beta} \right\rfloor + n\%\beta < \beta \times \beta$. $0 \leq n\%\beta$ より, $\beta \times \left\lfloor \frac{n}{\beta} \right\rfloor = \beta \times \left\lfloor \frac{n}{\beta} \right\rfloor + 0 < \beta \times \beta$. $\beta \neq 0$ なので, これを除して, $\left\lfloor \frac{n}{\beta} \right\rfloor < \beta$. 一方, $n\%\beta < \beta$ は自明である.

(2) ⇒ (1): $n = \beta \times \left\lfloor \frac{n}{\beta} \right\rfloor + n\%\beta$ に注意すれば, 仮定から $\left\lfloor \frac{n}{\beta} \right\rfloor \leq \beta - 1$ なので,

$$n = \beta \times \left\lfloor \frac{n}{\beta} \right\rfloor + n\%\beta \leq \beta \times (\beta - 1) + n\%\beta < \beta \times (\beta - 1) + \beta = \beta \times \beta.$$

□

定義 29.1. $\beta \in \mathbb{N}$ s.t. $\beta \geq 2$ とする. $n \in \mathbb{N}$ s.t. $n < \beta \times \beta$ が, $q, r \in \mathbb{N}$ によって,

$$\begin{cases} n = \beta \times q + r \\ (0 \leq)\ r < \beta \end{cases}$$

とあらわされるとき, n を $qr_{(\beta)}$ と表記する. q を 10 **の位**, r を 1 **の位**と呼ぶ.

こうして 2 桁の数字が定義された. これが第三段階の数字である. 第三段階の数字 $qr_{(\beta)}$ は,

β のまとまりが q 個とバラが r 個

という解釈を持つ. この解釈は, このわり算が, 余り付き包含除として理解されることを意味する.

- (ひとつ分) ⋯ β [まとまり]
- (いくつ分) ⋯ q [10 の位]
- (バラ) ⋯ r [1 の位]

補足 44. この段階で, 第二段階の数字は第三段階の数字として改めて解釈されることになる. 例えば $13_{(\mathtt{A})}$ という数字は,

- 第二段階では, A のまとまりと (バラが) 3 個,
- 第三段階では, A のまとまりが 1 個とバラが 3 個

というように解釈が変更される.

補足 45. 単元「あまりのあるわり算」の学習の際には, 逆行単元である「99 までのかず」の再解釈を与えるべきであろう. 例えば, 「$74_{(\mathtt{A})}$ を A で割ると商が 7, 余りが 4 である」などを確認することが重要である.

29.3 単元「たし算のひっ算 (1)」

この単元は主として第二学年第一学期 に配当される.
単元「たし算のひっ算 (1)」の数学的目標は,

(1) 10 の位に繰り上がらないたし算

(2) 10 の位に繰り上がるたし算

の習得である. この単元では, 2 桁のたし算のうち, 100 の位に繰り上がらないたし算を扱う. 本書では, これを [∗∗] + [∗∗] = [∗∗] と表記する.

29.3.1 (1) について

$ab_{(\mathtt{A})} + cd_{(\mathtt{A})}$ の計算について, 加法の可換律と, 分配律から

$$ab_{(\mathtt{A})} + cd_{(\mathtt{A})} = (\mathtt{A} \times a + b) + (\mathtt{A} \times c + d) = \mathtt{A} \times (a + c) + (b + d)$$

となるが, (1) の場合は $a + c < \mathtt{A}$ and $b + d < \mathtt{A}$ なので,

$$\mathtt{A} \times (a + c) + (b + d) = (a + c)(b + d)_{(\mathtt{A})}$$

と表示される. これはつまり, 位同士足せばよいということを意味している.
「筆算」は直線的に (一行で) 表現する代数式を平面的に表現する. 直線的な表示では 10 の位同士, 1 の位同士は遠いが, 平面的な表示では 10 の位同士, 1 の位同士は近づく.

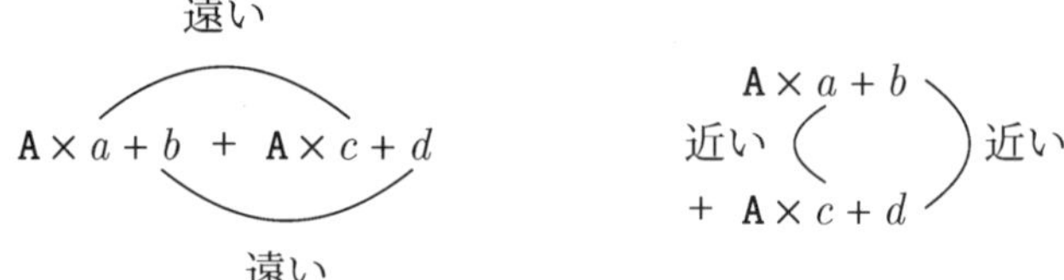

29.3.2 (2) について

この場合, $b + d \geq \mathtt{A}$ であり,

$$\begin{aligned}\mathtt{A} \times (a + c) + (b + d) &= \mathtt{A} \times (a + c) + \mathtt{A} + \big((b + d) - \mathtt{A}\big) \\ &= \mathtt{A} \times (a + c + 1) + \big((b + d) - \mathtt{A}\big).\end{aligned}$$

これが繰り上がりの原理である. 繰り上がりのひっ算においては数字の追加が必要になる. 23+49 = 72 を例に説明しよう.

$$\begin{array}{rrr} & {\scriptstyle 1} & \\ & 2 & 3 \\ + & 4 & 9 \\ \hline & 7 & 2 \end{array} \qquad \begin{array}{rrr} & \cdot & \\ & 2 & 3 \\ + & 4 & 9 \\ \hline & 7 & 2 \end{array} \qquad \begin{array}{rrr} & 1 & \\ & 2. & 3 \\ + & 4. & 9 \\ \hline & 7. & 2 \end{array}$$

最左の例が普通だが, 真ん中の例のように · だけ打つ書き方もある. 追加用の数字は小さく書くように指導する. これは, もとの問題との区別を明確にするためである. 将来的に小数の足し算を学習するときに, 例えば, $2.3+4.9$ の筆算で, 追加の数字が通常と同じ大きさで書くと, 最右の例のように, もとの問題が $1+2.3+4.9$ のように見えてしまい誤解を生む.

29.3.3 まとめ

まとめの際には, (1) と (2) が混在した状況で解けることを意識すべきである. 確認テストの際も, (1) と (2) を混ぜて出題すべきである.

[**] + [**] = [**] 型のたし算は全部で, $5050_{(A)}$ 個ある. 児童はこれらが全て出来るようにならねばならない. しかし, 当然ながら $5050_{(A)}$ 問をすべて出題してすべて解かせるのは無謀だ. そこで 0 の有無と繰上りの有無に注目しよう. この観点で分類すると, 以下の「$24_{(A)}$ 個の型」が得られる. $5050_{(A)}$ 問を $24_{(A)}$ 種の型に分類し, それぞれが出来るようになればよい.

$0+0=0$	$0+2=2$ など	$0+20=20$ など	$0+23=23$ など
$2+0=2$ など	$\begin{cases} 2+3=5 \text{ など} \\ 2+8=10 \text{ など} \\ 2+9=11 \text{ など} \end{cases}$	$2+30=32$ など	$\begin{cases} 2+34=36 \text{ など} \\ 2+38=40 \text{ など} \\ 2+39=41 \text{ など} \end{cases}$
$20+0=20$ など	$20+3=23$ など	$20+30=50$ など	$20+34=54$ など
$23+0=23$ など	$\begin{cases} 23+4=27 \text{ など} \\ 23+7=30 \text{ など} \\ 23+9=32 \text{ など} \end{cases}$	$23+40=63$ など	$\begin{cases} 23+45=68 \text{ など} \\ 23+47=70 \text{ など} \\ 23+49=72 \text{ など} \end{cases}$

計算練習や, 確認テストの際には, この $24_{(A)}$ 問 (の類題) をどれひとつ取りこぼすことなく解けるように指導することが大切である.

ところで, $24_{(A)}$ 種の型をすべて, といっても同時に出題するわけにもいかないので, **水道方式**による方法を紹介しておく. 水道方式では, 「一般 → 特殊」という流れを重視する. まず出題するのは, $23+45, 23+49, 23+47$ の 3 題であり, あとは, これを少しずつ特殊化していく. 1 〜 9 の数字が一般であり, 0 は特殊な数字として理解するのである. 一番最後に確認するのは (既習事項であるが) $0+0$ のひっ算となる. 悩んだときに水道方式に戻るのはひとつの指針になる. 大人になると, 特殊なほうが簡単に見えてしまうが, 児童にとっては特殊なほうが難しい.

29.4 単元「ひき算のひっ算 (1)」

この単元は主として第二学年第一学期 に配当される.
単元「ひき算のひっ算 (1)」の数学的目標は,

(1) 10 の位から繰り下がらないひき算

(2) 10 の位から繰り下がるひき算

の習得である. この単元では, 2 桁のひき算のうち, 100 の位から繰り下がらないひき算を扱う. 本書では, これを [∗∗] − [∗∗] = [∗∗] と表記する.

29.4.1 (1) について

$ab_{(\mathtt{A})} \geq cd_{(\mathtt{A})}$ における $ab_{(\mathtt{A})} - cd_{(\mathtt{A})}$ の計算について, 分配律から

$$ab_{(\mathtt{A})} - cd_{(\mathtt{A})} = (\mathtt{A} \times a + b) - (\mathtt{A} \times c + d)$$

となるが, (1) は $b \geq d$ となる場合である. この場合, $a \geq c$ なので,

$$(\mathtt{A} \times a + b) - (\mathtt{A} \times c + d) = \mathtt{A} \times (a - c) + (b - d) = (a - c)(b - d)_{(\mathtt{A})}$$

と表示される. これはつまり, 位同士引けばよいということを意味している.
「筆算」は直線的に (一行で) 表現する代数式を平面的に表現する. 直線的な表示では 10 の位同士, 1 の位同士は遠いが, 平面的な表示では 10 の位同士, 1 の位同士は近づく.

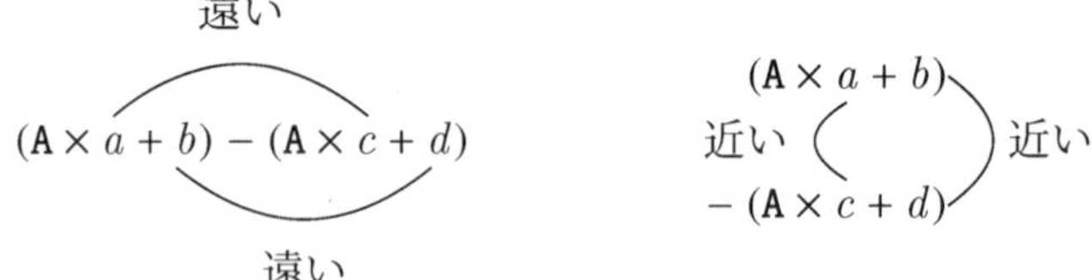

29.4.2 (2) について

(2) は $b < d$ となる場合である. この場合, $a > c$ なので,

$$\begin{aligned}(\mathtt{A} \times a + b) - (\mathtt{A} \times c + d) &= (\mathtt{A} \times ((a - 1) + 1) + b) - (\mathtt{A} \times c + d) \\ &= (\mathtt{A} \times (a - 1) + (\mathtt{A} + b)) - (\mathtt{A} \times c + d) = \mathtt{A} \times ((a - 1) - c) + ((\mathtt{A} + b) - d).\end{aligned}$$

これが繰り下がりの原理である. 繰り下がりのひっ算においては数字の修正が必要になる. $72-49=23$ を例に説明しよう.

$$\begin{array}{rr} 6 & 12 \\ \not{7} & \not{2} \\ - \; 4 & 9 \\ \hline 2 & 3 \end{array} \qquad \begin{array}{rr} 6 & \\ \not{7} & {}^{1}2 \\ - \; 4 & 9 \\ \hline 2 & 3 \end{array} \qquad \begin{array}{rr} 6 & \\ \not{7} & 12 \\ - \; 4 & 9 \\ \hline 2 & 3 \end{array}$$

ひき算における数字の修正には, 指導者によって様々な修正の仕方があるようだが, 中には不適切なものもある.

- 最左の書き方は普通であり, 数字の追加を行なわないものである.「6」と「12」を離して書かないと「612」と読めてしまう可能性があるので指導が必要であるが, 数学的に最も自然な書き方である[24)].
- 真ん中の書き方は普通であり, 数字の修正と追加の両方を行なうものである. やや読みにくいが, 許容の範囲である.
- 最右の書き方は良くない. これは数字の修正と追加の両方を行なうものである. これでは, 手書きのとき,「72」が「712」のように見えてしまい, 児童に無用な混乱を与えることがある. また, 家庭学習においても, 親にとって解答の判読が困難であり不適切である.

29.4.3 まとめ

まとめの際には, (1) と (2) が混在した状況で解けることを意識すべきである. 確認テストの際も, (1) と (2) を混ぜて出題すべきである.

[**] − [**] = [**] 型のひき算は全部で, $5050_{(\mathtt{A})}$ 個ある. 児童はこれらが全て出来るようにならねばならない. しかし, 当然ながら $5050_{(\mathtt{A})}$ 問をすべて出題してすべて解かせるのは無謀だ. そこで 0 の有無と繰下りの有無に注目しよう. この観点で分類すると, 以下の「$24_{(\mathtt{A})}$ 個の型」が得られる. $5050_{(\mathtt{A})}$ 問を $24_{(\mathtt{A})}$ 種の型に分類し, それぞれが出来るようになればよい.

$$\begin{array}{llll}
0-0=0 & 2-2=0\text{ など} & 20-20=0\text{ など} & 23-23=0\text{ など} \\
2-0=2\text{ など} & \left\{\begin{array}{l} 5-3=2\text{ など} \\ 10-8=2\text{ など} \\ 11-9=2\text{ など} \end{array}\right. & 32-30=2\text{ など} & \left\{\begin{array}{l} 36-34=2\text{ など} \\ 40-38=2\text{ など} \\ 41-39=2\text{ など} \end{array}\right. \\
20-0=20\text{ など} & 23-3=20\text{ など} & 50-30=20\text{ など} & 54-34=20\text{ など} \\
23-0=23\text{ など} & \left\{\begin{array}{l} 27-4=23\text{ など} \\ 30-7=23\text{ など} \\ 32-9=23\text{ など} \end{array}\right. & 63-40=23\text{ など} & \left\{\begin{array}{l} 68-45=23\text{ など} \\ 70-47=23\text{ など} \\ 72-49=23\text{ など} \end{array}\right.
\end{array}$$

計算練習や, 確認テストの際には, この $24_{(\mathtt{A})}$ 問 (の類題) をどれひとつ取りこぼすことなく解けるように指導することが大切である.

---

24) これは式変形 $\mathtt{A}\times 7+2=\mathtt{A}\times 6+12_{(\mathtt{A})}$ に基づいている.

29.5 「かけ算」の素過程

かけ算の素過程とは, 被乗数が 0 から 9 までの $10_{(\mathtt{A})} = \mathtt{A}$ 通り, 乗数が 0 から 9 までの $10_{(\mathtt{A})} = \mathtt{A}$ 通りの計 $100_{(\mathtt{A})} = \mathtt{A}\times\mathtt{A}$ 通りのかけ算のことである. これは「掛け算カード」(計 $100_{(\mathtt{A})}$ 枚) を利用してまとめられる[25].

単元「かけ算」では枠で囲った計 $100_{(\mathtt{A})}$ 枚を利用する.

0×0	0×1	0×2	⋯	0×8	0×9
1×0	1×1	1×2	⋯	1×8	1×9
2×0	2×1	2×2	⋯	2×8	2×9
⋮	⋮	⋮		⋮	⋮
8×0	8×1	8×2	⋯	8×8	8×9
9×0	9×1	9×2	⋯	9×8	9×9

表に並べるときは, 上記のように行列準拠に並べるか, 座標系準拠で次のように並べる:

0×9	⋯	9×9
⋮		⋮
0×0	⋯	9×0

このような表を算数教育学では**アレイ図**と呼ぶ.

かけ算の素過程の理解のためには, 乗法の定義式

$$\begin{cases} m \times 0 = 0 \\ m \times \sigma(n) = m + m \times n \end{cases}$$

に基づいて計算すること, また, その性質の理解のためには, 乗法の性質の一つである分配律

$$m \times (n_1 + n_2) = m \times n_1 + m \times n_2$$

を利用して計算することが基本になる. この際に必要になるのが「たし算のひっ算 (1)」「ひき算のひっ算 (1)」である.

[25] ただし, 多くの場合は, 0 の掛け算が実装されていないので, $81_{(\mathtt{A})}$ 枚になる.

29.6 「わり算」の素過程

わり算の素過程とは, 商が 0 から 9 までの $10_{(\mathtt{A})} = \mathtt{A}$ 通り, 除数が 1 から 9 までの $9 = \mathtt{A} - 1$ 通りの計 $90_{(\mathtt{A})} = \mathtt{A} \times (\mathtt{A} - 1)$ 通りのわり算のことである. これは「割り算カード」(計 $90_{(\mathtt{A})}$ 枚) を利用してまとめられる.

単元「わり算」では枠で囲った計 $90_{(\mathtt{A})}$ 枚を利用する.

$0 \div 1$	$0 \div 2$	$\cdots$	$0 \div 8$	$0 \div 9$
$1 \div 1$	$2 \div 2$	$\cdots$	$8 \div 8$	$9 \div 9$
$2 \div 1$	$4 \div 2$	$\cdots$	$16 \div 8$	$18 \div 9$
$\vdots$	$\vdots$		$\vdots$	$\vdots$
$8 \div 1$	$16 \div 2$	$\cdots$	$64 \div 8$	$72 \div 9$
$9 \div 1$	$18 \div 2$	$\cdots$	$72 \div 8$	$81 \div 9$

わり算の素過程の理解は, かけ算の素過程を利用することによってなされる.

29.7 「あまりのあるわり算」の素過程

あまりのあるわり算の素過程とは, 商が 0 から 9 までの $10_{(\mathtt{A})} = \mathtt{A}$ 通り, 除数が 1 から 9 までの $9 = \mathtt{A} - 1$ 通りの計 $450_{(\mathtt{A})} = \mathtt{A} \times (\mathtt{A} - 1) \div 2 \times \mathtt{A}$ 通りのあまりのあるわり算のことである.

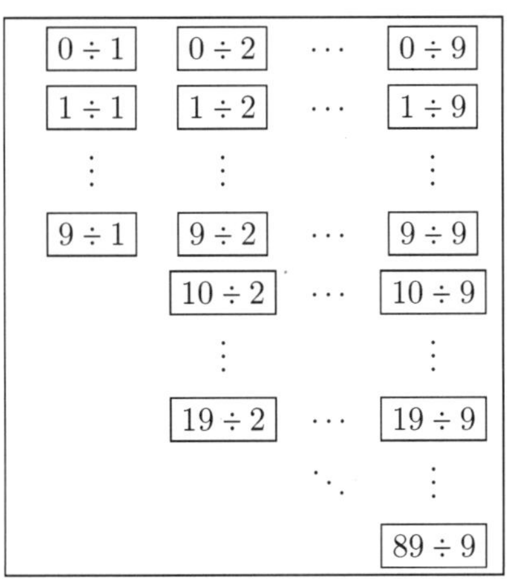

$0 \div 1$	$0 \div 2$	$\cdots$	$0 \div 9$
$1 \div 1$	$1 \div 2$	$\cdots$	$1 \div 9$
$\vdots$	$\vdots$		$\vdots$
$9 \div 1$	$9 \div 2$	$\cdots$	$9 \div 9$
	$10 \div 2$	$\cdots$	$10 \div 9$
	$\vdots$		$\vdots$
	$19 \div 2$	$\cdots$	$19 \div 9$
		$\ddots$	$\vdots$
			$89 \div 9$

そもそも, あまりのあるわり算については, 多くの教科書で素過程の指導という意識が基本的に欠けている. この $450_{(\mathtt{A})}$ 個の問題は, どれが出題されてもちゃんと答えられるようにしっかりと指導することが重要である.

補足 46. この中で, 商が 0 になるもの (計 $45_{(\mathtt{A})} = \mathtt{A} \times (\mathtt{A} - 1) \div 2$ 個) については, 教科書での取り扱いが極めて希薄なので, 特に注意が必要である. 後に割り算の筆算の学習の際には, 商が 0 の割り算の指導不足が原因で躓く児童が結構いる.

第 VI 部
自然数の記数法

30 可換半群 $(\mathbb{N};\times,1)$ と 累乗 $\uparrow$

代数系 $(\mathbb{N};\times,1)$ は可換半群だから, 16 節の内容は成立する.

30.1 累乗 $\uparrow$ の定義

初期値付き自励漸化式系 $(\mathbb{N},1,\mathrm{M}_a)$ に帰納的定義の原理を適用すると次を得る:

命題 30.1. $a\in\mathbb{N}$ に対して, 写像 $\mathrm{E}_a:\mathbb{N}\to\mathbb{N}$ が一意に存在して,

$$\begin{cases}\mathrm{E}_a(0)=1\\ \mathrm{E}_a(\sigma(n))=\mathrm{M}_a(\mathrm{E}_a(n)).\end{cases}$$

定義 30.1. $a\in\mathbb{N}, n\in\mathbb{N}$ に対して, $a\uparrow n\in\mathbb{N}$ を次で定める:

$$a\uparrow n:=\mathrm{E}_a(n).$$

これによって, $\mathbb{N}$ 上の二項演算 $\uparrow$ が定まる. この二項演算を**累乗** *(repeated multiplication)* または**冪乗** *(exponentiation)* と呼ぶ. また, $a\uparrow n$ を a **と** n **の冪** *(power)* と呼び, a を**底** *(base)*, n を**指数** *(exponent)* と呼ぶ.

命題 30.1 における初期値付き自励漸化式を乗法 $\times$ と累乗 $\uparrow$ を用いて書き直せば, 次のようになる:

$$\begin{cases}a\uparrow 0=1\\ a\uparrow\sigma(n)=a\times a\uparrow n \qquad (n\in\mathbb{N}).\end{cases}$$

例 30.1 (計算例). $a\in\mathbb{N}$ とすると, 以下が成り立つ:

$a\uparrow 0=1.$

$a\uparrow 1=a\uparrow\sigma(0)=a\times a\uparrow 0$
$\quad=a\times 1\ (=a).$

$a\uparrow 2=a\uparrow\sigma(\sigma(0))=a\times a\uparrow\sigma(0)=a\times a\times a\uparrow 0$
$\quad=a\times a\times 1\ (=a\times a).$

$a\uparrow 3=a\uparrow\sigma(\sigma(\sigma(0)))=a\times a\uparrow\sigma(\sigma(0))=a\times a\times a\uparrow\sigma(0)=a\times a\times a\times a\uparrow 0$
$\quad=a\times a\times a\times 1\ (=a\times a\times a).$

この結果, 例えば, $a \uparrow 3$ は「(1 に) a を 3 回掛けた数」というイミになる.

この例が示す通り, 結合の強さに関して × よりも ↑ の方が結合が強いとして, $a \times (b \uparrow c)$ などは $a \times b \uparrow c$ のように括弧を省略することにする.

30.2　累乗 ↑ の性質（その１）

定理 30.2. 累乗 ↑ は以下を満たす:

(1) $\forall a \in \mathbb{N}; a \uparrow 0 = 1.$

(2) $\forall a \in \mathbb{N}; \forall m, n \in \mathbb{N}; a \uparrow (m + n) = a \uparrow m \times a \uparrow n.$

(3) $\forall n \in \mathbb{N}; 1 \uparrow n = 1.$

(4) $\forall a, b \in \mathbb{N}; \forall n \in \mathbb{N}; (a \times b) \uparrow n = a \uparrow n \times b \uparrow n.$

30.3　累乗 ↑ の性質（その２）

可換半群 $(\mathbb{N}_+; \times, 1)$ が, 簡約律と

$$\forall a, b \in \mathbb{N}_+; a \times b = 1 \Rightarrow a = 1 = b$$

を満たしたことを思い出そう.

補足 47. 可換半群 $(\mathbb{N}; \times, 1)$ は 0 が含まれているので, 簡約律が成り立たない. これを防ぐために, 0 を除外して $\mathbb{N}_+ = \mathbb{N} \setminus \{0\}$ を考えている.

このとき, 二項関係 ⊑ が

$$a \sqsubseteq b \quad \Leftrightarrow \quad \exists x \in \mathbb{N}_+ \text{ s.t. } a \times x = b$$

という関係で定まり, 二項関係 ⊑ は半順序関係になるのだった. このとき, 次の性質が成り立つ:

定理 30.3. このとき, 以下が成り立つ:

(1) $\forall a \in \mathbb{N}_+, \forall n \in \mathbb{N}; a \uparrow n = 1 \Rightarrow a = 1 \text{ or } n = 0.$

(2) $\forall a \in \mathbb{N}_+, \forall m, n \in \mathbb{N}; a \uparrow m \sqsubseteq a \uparrow n \Leftrightarrow a = 1 \text{ or } m \leq n.$

(3) $\forall a \in \mathbb{N}_+, \forall m, n \in \mathbb{N}; a \uparrow m = a \uparrow n \Rightarrow a = 1 \text{ or } m = n.$

30.4 累乗 $\uparrow$ の性質（その3）

21 節の結果を可換半群 $(\mathbb{N};\times,1)$ の場合に適用すれば, 以下が得られる:

定理 30.4. 累乗 $\uparrow$ は以下を満たす:

(5) $\forall a \in \mathbb{N}; a \uparrow 1 = a.$

(6) $\forall a \in \mathbb{N}, \forall m, n \in \mathbb{N}; a \uparrow (m \times n) = (a \uparrow m) \uparrow n.$

定理 30.2 と定理 30.4 をまとめると次のようになる:

まとめ

系 30.5. 累乗 $\uparrow$ は以下を満たす:

(1) $\forall a \in \mathbb{N}; a \uparrow 0 = 1.$

(2) $\forall a \in \mathbb{N}, \forall m, n \in \mathbb{N}; a \uparrow (m + n) = a \uparrow m \times a \uparrow n.$

(3) $\forall n \in \mathbb{N}; 1 \uparrow n = 1.$

(4) $\forall a, b \in \mathbb{N}; \forall n \in \mathbb{N}; (a \times b) \uparrow n = a \uparrow n \times b \uparrow n.$

(5) $\forall a \in \mathbb{N}; a \uparrow 1 = a.$

(6) $\forall a \in \mathbb{N}, \forall m, n \in \mathbb{N}; a \uparrow (m \times n) = (a \uparrow m) \uparrow n.$

これらは乗法と累乗の間の関係を示すものであり, 一般に**指数法則**と呼ばれているものである. 本書では, これ以上深入りしないが, 将来的には指数関数の定義に利用されることになる.

補足 48. 本書では累乗を $a \uparrow n$ と表記しているが, 当然, 一般には a^n と表記する. 本書でこれを $a \uparrow n$ と表記するのは, $\uparrow$ が二項演算であることを強調する目的である. $a \uparrow n$ は D. E. Knuth[26]の矢印記法と呼ばれる[27].

補足 49. 本書では前述の通り, $0 \uparrow 0 = 0^0 = 1$ と定義している. この定義を採用すると, 集合論や組み合わせ論 (二項展開) や微積分学 (Taylor 展開) など, 様々な場面で例外処理をしなくて済むようになり, 便利である[28].

[26] Donald Ervin Knuth, 1938—, アメリカ. 数式組版ソフト『TEX』の作者であり, 著書『The Art of Computer Programming』は有名. なお, 本書も TEX で作成している.

[27] $a \uparrow n, a \uparrow\uparrow n, a \uparrow\uparrow\uparrow n, \cdots$ といった巨大な自然数を表記するための記法を導入した.

[28] なお, 上述の Knuth は, 「0^n が数学的意義に乏しいのに対して, x^0 は様々な場面で頻繁に現れるのでこれを $0^0 = 1$ と定めるべきである」と強く主張している.

31 単元「冪乗」

算数科における冪乗の取り扱いは消極的であり, 本質的な部分は中学校と高校で扱われる. しかし, それは冪乗が算数科において重要でないということを意味しない. 算数科における冪乗の役割は

- 位取り記数法における位
- 面積の単位 ($\mathrm{cm}^2, \mathrm{m}^2, \mathrm{km}^2$ など)
- 体積の単位 ($\mathrm{cm}^3, \mathrm{m}^3, \mathrm{km}^3$ など)

などである. これらの学習は様々な学年の様々な単元に散りばめられており, 決して一つの単元だけで習得を目指すものではない.

面積や体積の学習においては, 2 乗・3 乗という指数表記が用いられ, これが唯一の算数科における冪の明示的な利用である. 一方, 位取り記数法では, 明示的には冪を利用しないが, 底 A の冪乗が本質的な役割を演ずるのはいうまでもない.

本節では, 中高での冪乗の取り扱いを述べる. この単元は中学校第一学年一学期と高校第一学年 に配当される.

単元「冪乗」の数学的目標は,

(1) 自然数の冪乗

の習得である.

(1):自然数の冪乗　自然数の冪乗を理解するためには, 自然数の冪乗の

(a) 定義;　(b) 計算法;　(c) 性質;

の理解が必要になる.

(a):冪乗の定義　自然数の冪乗の定義を理解することとは, 数学的な冪乗の定義 $\begin{cases} m \uparrow 0 = 0 & \cdots ① \\ m \uparrow \sigma(n) = m \times \sigma(n) & \cdots ② \end{cases}$ を理解することを意味する.

$$\begin{aligned} 4 \uparrow 3 &\overset{(3\text{ の定義})}{=} 4 \uparrow \sigma(2) \overset{②}{=} 4 \times 4 \uparrow 2 \\ &\overset{(2\text{ の定義})}{=} 4 \times 4 \uparrow \sigma(1) \overset{②}{=} 4 \times 4 \times 4 \uparrow 1 \\ &\overset{(1\text{ の定義})}{=} 4 \times 4 \times 4 \uparrow \sigma(0) \overset{②}{=} 4 \times 4 \times 4 \times 4 \uparrow 0 \\ &\overset{①}{=} \underline{4 \times 4 \times 4 \times 1}_{(\bigstar)} \overset{(4\times 1 = 4)}{=} 4 \times 4 \times 4 \overset{(4\times 4 = 16)}{=} 4 \times 16 \overset{(4\times 16 = 64)}{=} 64. \end{aligned}$$

($\bigstar$) は, 『「$4 \uparrow 3$」は「4 を 3 つ掛けた数」を意味する』と主張している.

(b):冪乗の計算法　他の演算と異なり, 冪乗の計算は定義通りの計算によるしかない.

(c):冪乗の性質　これは, 定理 30.2 と定理 30.3 を理解することである. 乗法の簡約律は, 第三学年の単元「わりざん」の基礎である.

指導上のコツ **偶然の一致を避けよ**　0 乗ほどでなくとも, 2 乗 3 乗ですら指導に困難が生じる. 原因はいくつか考えられるが, その一つは偶然の一致である. これは指導上困難をもたらす.
話を簡単にするために加法と乗法の場合を例に説明する. 例えば, 初めて乗法を学習するときに, 2×2 から指導するのは不適切である. この場合 $2+2=2\times 2$ が成り立つため, 児童は加法と乗法の区別ができない. これは左因子と右因子がともに 2 の場合に加法と乗法で偶然の一致が起きているからである. 偶然の一致は認識を不明確にしてしまう. これを避けるためには $2+3 \neq 2\times 3$ や $3+3 \neq 3\times 3$ を利用するのがよい.
同様のことが乗法と冪乗でも言える. $2\times 2 = 2\uparrow 2$ が成り立つため, この例からは生徒は乗法と冪乗の区別ができない. やはり偶然の一致が起きているからだ. やはり同様に $2\times 3 \neq 2\uparrow 3$ や $3\times 2 \neq 3\uparrow 2$ や $3\times 3 \neq 3\uparrow 3$ を利用するのがよい.
基本的に 2 は偶然の一致が起きやすい. むしろ一般的な例としては 3 の利用を最初に思いつくべきであろう.

なお, 上で既に述べたとおり, $2\uparrow 3 \neq 3\uparrow 2$ である. 冪乗が加法や乗法と異なり非可換であることは, 際立った特徴である.

$n\uparrow 0$ について　$n\uparrow 0=1$ が成り立つのは, 数学的にはこれが定義であるからである. 定義なので, 数学的には理由が必要ない. しかし, 0 乗を, 1 乗や 2 乗などの正自然数乗より後に導入する中等数学[29]では, その動機付けがむしろ必要になってしまう. $n\uparrow 0=1$ の説明の際には 3・2・1・0 のルールを用いると, とても自然に $n\uparrow 0=1$ となることが説明できる. 例えば,

$$
\begin{aligned}
&4\uparrow 3 = 64\\
&\qquad\downarrow \div 4 \quad \cdots\text{「指数が 1 減ると冪は } \div 4 \text{ される」ことが観測できる}\\
&4\uparrow 2 = 16\\
&\qquad\downarrow \div 4 \quad \cdots\text{「指数が 1 減ると冪は } \div 4 \text{ される」ことが観測できる}\\
&4\uparrow 1 = 4\\
&\qquad\downarrow \div 4 \quad \cdots\text{だから } 4\uparrow 0 \text{ は } 4\uparrow 1 = 4 \text{ を } \div 4 \text{ したものになるのが自然}\\
&4\uparrow 0 = 1
\end{aligned}
$$

という具合である. なお, ここでは, 偶然の一致を避けるために底に 4 を選

[29] 現行指導要領では, 1 乗や 2 乗などの正自然数乗は中学校第一学年に配当されるが, 0 乗は高校に配当されている.

んでいる. 底が 2 や 3 だと, 指数を 3, 2, 1 と下げる途中で, 偶然的に底と指数が一致してしまう.

0^0 **について**　ただし, $0 \uparrow 0 = 1$ については, 例外的に３・２・１・０のルールが利用できない[30)]ので, 中高生に納得できるようにこれを教えることは難しい. むしろ中等数学では, 0^0 は定義しないのが普通である.

演習問題

問題 37. 定義に基づいて, $3 \uparrow 4 = 81_{(A)}$ を証明せよ.

問題 38. $\mathbb{N}$ において, 方程式 $3 \uparrow x = 9$ を解け.

問題 39. $\mathbb{N}$ において, 方程式 $1 \uparrow x = 1$ を解け.

問題 40. 以下を証明せよ:

(1) $\forall a \in \mathbb{N}, n \in \mathbb{N}; a \uparrow n = 1 \Leftrightarrow a = 1 \ \text{or} \ n = 0.$

(2) $$\forall a \in \mathbb{N}, \forall m, n \in \mathbb{N}; a \uparrow m = a \uparrow n \Leftrightarrow \begin{cases} \text{“}a = 0 \ \text{and} \ m, n \geqq 1\text{”} & \text{or} \\ a = 1 & \text{or} \\ m = n \end{cases}.$$

30) ÷0 ができないため.

32 自然数の β 進法表示

ここからは, 表示を簡潔にするために, 必要に応じて乗法は省略し, 冪は a^n のように表示する.

定理 32.1. $a, \beta \in \mathbb{N}$ $(a \geq 1, \beta \geq 2)$ とする. 数列 (q_n) と (r_n) を $q_0 = a$, $q_{\sigma(n)} = \left\lfloor \frac{q_n}{\beta} \right\rfloor$, $r_n = q_n \% \beta$ で定める. このとき, 以下が成り立つ:

(1) (q_n) は広義単調減少列であり,

(2) $q_0 > \cdots > q_{d-1} > q_d = q_{d+1} = \cdots = 0$ となる $d \in \mathbb{N}$ が存在する.

(3) (2) の $d \in \mathbb{N}$ について, $0 < r_{d-1} < \beta$ かつ $r_d = r_{d+1} = \cdots = 0$.

(4) (2) の $d \in \mathbb{N}$ について, $a = \sum_{k=0}^{d-1} \beta^k r_k$.

Proof. (1) これは定理 27.6 (1) から従う.

(2) $A := \left\{ q_n \in \mathbb{N} \,\middle|\, n \in \mathbb{N} \right\}$ とおく. A は $\mathbb{N}$ の空でない部分集合であるから, 整列性から最小元 $a \in A$ が存在する. $d := \min\left\{ n \in \mathbb{N} \,\middle|\, q_n = a \right\}$ とおく. $q_d = a$ であるが, 定理 27.6 (2) より, $q_{d+1} < a$ or $a = 0$. もし $q_{d+1} < a$ であれば a の最小性に矛盾する. したがって, $q_d = a = 0$ である. (1) より, $q_d = q_{d+1} = \cdots = 0$ を得る.

(3) いま, $q_d = 0$ であるが, もし, $r_{d-1} = 0$ であれば,

$$q_{d-1} = \beta \times q_d + r_{d-1} = 0$$

となって, d の最小性に矛盾する. ゆえに, $r_{d-1} > 0$. 後半は (2) から明らか.

(4)

$$\begin{aligned}
a &= \beta^0 \times q_0 = \beta^0 \times (\beta \times q_1 + r_0) \\
&= \beta^1 \times q_1 + \beta^0 \times r_0 = \beta^1 \times (\beta \times q_2 + r_1) + \beta^0 \times r_0 \\
&= \beta^2 \times q_2 + \beta^1 \times r_1 + \beta^0 \times r_0 = \beta^2 \times (\beta \times q_3 + r_2) + \beta^1 \times r_1 + \beta^0 \times r_0 \\
&= \beta^3 \times q_3 + \beta^2 \times r_2 + \beta^1 \times r_1 + \beta^0 \times r_0.
\end{aligned}$$

これを繰り返せば, $a = \sum_{n=0}^{d-1} \beta^n r_n$ を得る. □

定義 32.1. $a, \beta \in \mathbb{N}$ $(a \geq 1, \beta \geq 2)$ とする. a が数列 (r_n) によって,

$$a = \sum_{n=0}^{d-1} \beta^n r_n \qquad ((0 \leq)\, r_n < \beta, 0 < r_{d-1})$$

と書けるとき, a を $r_{d-1} \cdots r_2 r_1 r_{0(\beta)}$ と表記する. r_n を 10^n **の位**と呼ぶ. また, この表示法を n の β **進法表示**と呼ぶ. d をその**桁数**と呼び, a を (β **進法で**)d **桁の数**と呼ぶ.

補足 50. $a = 0$ の場合は例外的である. 0 の桁数については, 場面によって定め方が様々なので[31], 本書では, 0 の桁数を定めない.

補足 51. $\mathtt{A}$ 進法表示のことをしばしば「10 進法表示」と記しているものを見かけることがあるが, この記述は本来不適切である. 「10」自体が何進法かが分からないからである. 実際, $10_{(\mathtt{A})}$ 進法は十進法だが, $10_{(2)}$ 進法は二進法である. このようなときは「十進法表示」と記す.

例えば, ここに $(a :=)\, 234_{(\mathtt{A})}$ 個のリンゴがあったとして, これが $234_{(\mathtt{A})}$ 個であることを知らないとしよう (図 0). どうすれば, これが $234_{(\mathtt{A})}$ 個であることが分かるだろうか.

まず, $\mathtt{A}$ 個のまとまりをできるだけ作る. これは a を $\mathtt{A}$ で割ることを意味する. 結果, $\mathtt{A}$ が q_1 個でき, バラが 4 個と分かる (図 1). しかし, まだ q_1 がいくつかは分からない.

そこで. $\mathtt{A}^2$ の束をできるだけ作る. これは q_1 を $\mathtt{A}$ で割ることを意味する. 結果, $\mathtt{A}^2$ の束が q_2 個でき, $\mathtt{A}$ のまとまりが 3 個と分かる. q_2 は十分小さい ($q_2 < \mathtt{A}$) ので, 数えられ, $q_2 = 2$ と分かる. こうして, $\mathtt{A}^2$ の束が 2 個, $\mathtt{A}$ のまとまりが 3 個と, バラが 4 個と分かる.

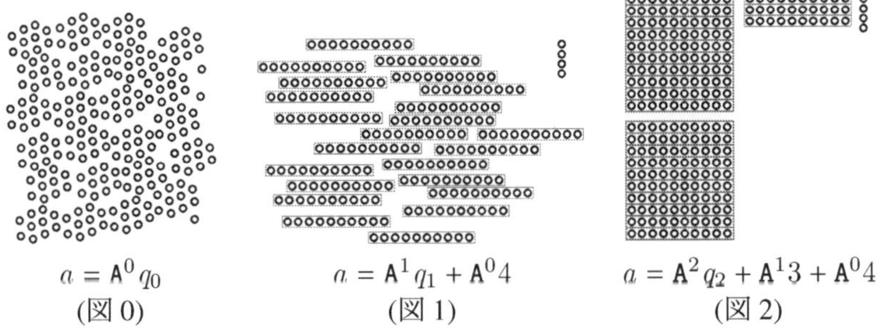

$a = \mathtt{A}^0 q_0$ (図 0)　$a = \mathtt{A}^1 q_1 + \mathtt{A}^0 4$ (図 1)　$a = \mathtt{A}^2 q_2 + \mathtt{A}^1 3 + \mathtt{A}^0 4$ (図 2)

この考え方は定理 32.1 (4) の証明を $\beta = \mathtt{A}$ の場合に説明しているに過ぎない.

[31] 例えば, 0 桁と定める流儀や $-\infty$ 桁と定める流儀がある.

33 筆算

33.1 全体像

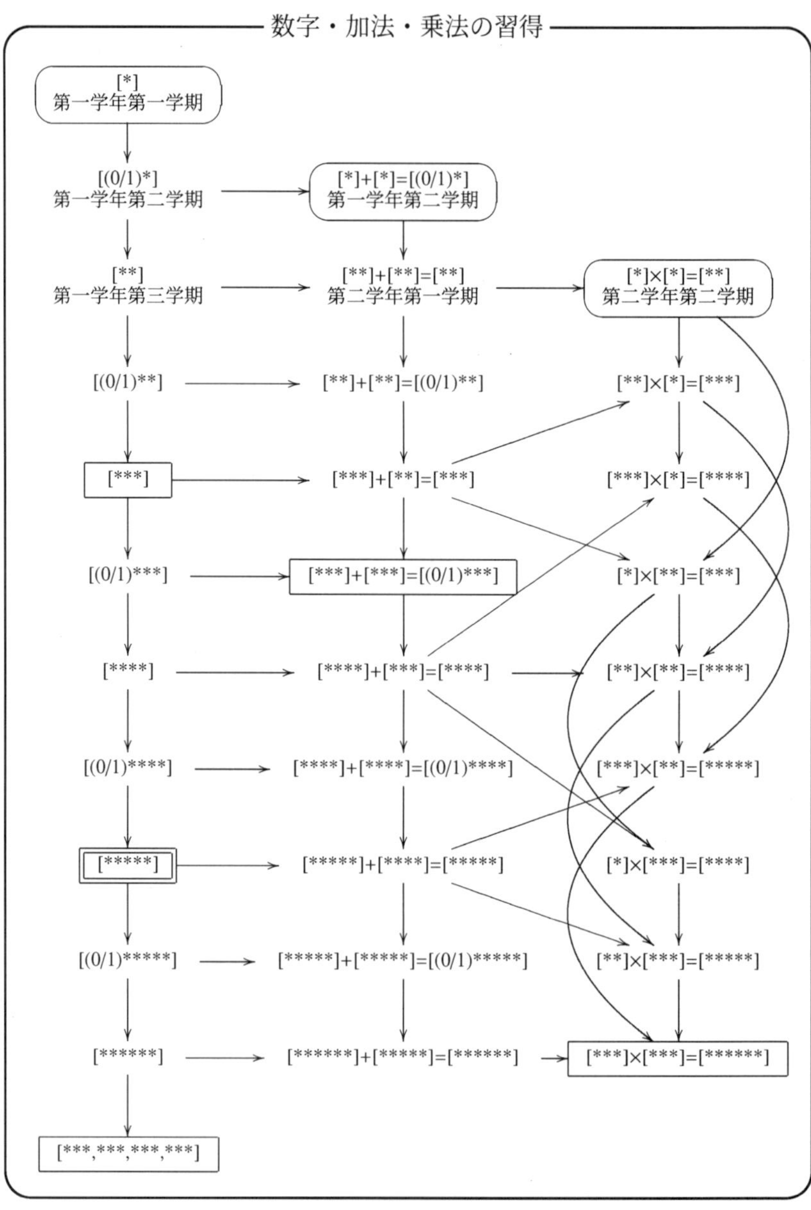
数字・加法・乗法の習得
[*]
第一学年第一学期
[(0/1)*]
第一学年第二学期
[*]+[*]=[(0/1)*]
第一学年第二学期
[**]
第一学年第三学期
[**]+[**]=[**]
第二学年第一学期
[*]×[*]=[**]
第二学年第二学期
[(0/1)**]
[**]+[**]=[(0/1)**]
[**]×[*]=[***]
[***]
[***]+[**]=[***]
[***]×[*]=[****]
[(0/1)***]
[***]+[***]=[(0/1)***]
[*]×[**]=[***]
[****]
[****]+[***]=[****]
[**]×[**]=[****]
[(0/1)****]
[****]+[****]=[(0/1)****]
[***]×[**]=[*****]
[*****]
[*****]+[****]=[*****]
[*]×[***]=[****]
[(0/1)*****]
[*****]+[*****]=[(0/1)*****]
[**]×[***]=[*****]
[******]
[******]+[*****]=[******]
[***]×[***]=[******]
[***,***,***,***]

表について:　丸で囲んだ単元は素過程の習得を扱う単元を意味し, 矢印は指導手順を意味する. この順番は論理的に絶対の順番である. これに逆らって指導することは不適切である. この表では, 数学的な観点から分類した小単元の関係をあらわしているが, 実際の教科書では, これらの小単元のいくつかを一つの単元でまとめて指導している場合もある. この表は続けようと思えばどこまででも続けられる. それでは時間がいくらあっても足りないので, どこかで「まとめ」が必要になる. まとめのタイミングを計るために『１・２・いっぱい』の原理を紹介しよう.

指導上のコツ　**『１・２・いっぱい』の原理**　帰納的推論とも密接にかかわることだが, 一般的な主張—例えば $\forall x \in A; P(x)$ という形式の主張— を児童が習得するのは難しい. 児童はこれを数学的に証明すること, したがって論理的に納得することはできないので, 難しいというより基本的にできない. このようなときは帰納的推論を利用して指導する. 帰納的推論には様々な種類があるが, その一つは, 特定の $a \in A$ が P を満たすこと ($P(a)$ が成り立つこと) から $\forall x \in A; P(x)$ を導出する形式である. 無論, これは論理的に全く正しくはないが, そもそも人間の学習の過程というのは概してこういうものだ. ただし, ひとつの $a \in A$ について主張 $P(a)$ だけから $\forall x \in A; P(x)$ を導出するのは流石に乱暴であるし, 納得感はあまり得られない. それならばということで, 複数の $a_1, a_2, \cdots \in A$ について主張 $P(a_1), P(a_2), \cdots$ を満たすことを確認する. すると, 主張 $\forall x \in A; P(x)$ の納得度は増すだろう. 無論, 帰納的推論は論理的に正しくないので論理的納得は得られないが, 具体例が多ければ多いほど心理的納得度は増加する.
とはいえ, 無尽蔵に具体例を増やすのは費やす時間を考慮すると非効率である. 実際は, 経験則として, 人間はだいたい 3 個の具体例に出会うとすべて成り立つように感じることができる[*]. 著者はこれを『１・２・いっぱい』の原理と呼んで, 帰納的推論をさせるときの基本原理だと考えている[†].

[*] 友人が「みんな○○って言ってたよ〜」と言ってきたときに, 「みんなって誰？」と聞き返すと, だいたい 3 人の名前が返ってくる. 3 人もいればみんなだ, ということだ.

[†] 先に述べた３・２・１・０のルールも実はこれと関連していて, 3 から「1 減らす操作」を 3 回繰り返すことにその根拠がある.

『１・２・いっぱい』の原理を利用すると, 単元の「まとめ」のタイミングがわかる. 左の表では, 1 重の四角囲みはまとめを行ない得る最初の単元を意味し, 2 重の四角囲みはまとめを行ない得る最後の単元を意味している. 数字のまとめは, 書き方のまとめと読み方のまとめでふたつある.

- 位取り記数法のまとめは [***] から [*****] を扱う単元までに行な

う. [***] を扱う単元では 3 個の桁「一・十・百」を扱う.

- 万進法のまとめは [***,***,***,***] を扱う単元以降に行なう. [***,***,***,***] を扱う単元では, 万進法で「一・万・億」の 3 個の位を扱う.
- 足し算の筆算のまとめは [***]+[***]=[(0/1)***] を扱う単元以降に行なう. [***]+[***]=[(0/1)***] を扱う単元では 3 回の繰り上がりの処理を扱う.
- 掛け算の筆算のまとめは [***]×[***]=[******] を扱う単元以降に行なう. [***]×[***]=[******] を扱う単元では乗数も被乗数も 3 桁の乗法を扱う.

33.2 単元「大きな数」

この単元は第四学年 に配当される.
単元「大きな数」の数学的目標は,

(1) 第四段階の数字　　(2) 万進法

の習得である.

33.2.1 第四段階の数字

自然数をあらわす数字には, 大きく分けて以下の 4 段階がある.

第一段階	$\mathtt{A} = 10_{(\mathtt{A})}$ まで	第一学年一学期
第二段階	$\mathtt{A} \times 2 - 1 = \mathtt{A} + \mathtt{A} - 1 = 19_{(\mathtt{A})}$ まで	第一学年二学期
第三段階	$\mathtt{A}^2 - 1 = \mathtt{A} \times \mathtt{A} - 1 = 99_{(\mathtt{A})}$ まで	第一学年三学期
第四段階	すべての数字	第四学年一学期

第四段階の数字とは位取り記数法で表示された数字である. 本単元では, 任意の自然数の位取り記数法を学習する. 実際の教科書では多くの場合, 第四段階の数字をもう少し細かく段階的に導入する:

第二学年	第一学期	1,000 まで
	第三学期	10,000 くらいまで
第三学年	第一学期	100,000,000 (1 億) まで
第四学年	第一学期	任意の自然数

33.2.2 万進法

数字の指導においては,

- 書き方
- 読み方

が重要である. 位取り記数法の指導は書き方の部分だけを扱っている. これに対して, 読み方に関しては万進法の取り扱いに注意する必要がある. 「万進法」というのは, 2 進法や A 進法というときの「進法」とは意味が異なり, 万をひとまとめとする読み方についてのルールを意味する. [*****] の範囲の数字の (読み方の) 指導においては, 万進法を意識する必要がない. この範囲の数字には, 各位に (日本語では)「一・十・百・千・万」という独立した読み方がある[32]. 例えば数字「$23456_{(A)}$」を読むときには万進法を意識せずに読める. しかし「万」の次の位 (の読み方) は「十万」であり, 数字「$234567_{(A)}$」を読むときには万進法を意識しないと読めない. つまり, [*****] までの数字の指導においては, 純粋に位取り記数法の指導に専念できる. 逆に, ここまでのうちに位取り記数法を理解させないと, 次の位からは万進法の問題が生じ, ふたつの問題の板ばさみになる児童は数体系の構築が困難になる.

万進法の単位としては,

記号	秭	垓	京	兆	億	万
読み方	じょ	がい	けい	ちょう	おく	まん
値	10^{24}	10^{20}	10^{16}	10^{12}	10^{8}	10^{4}

くらいを常識として知っておくべきであろう[33]. 『1・2・いっぱい』の原理から, [***,***,***,***] の範囲の数字を教える単元が万進法の指導をまとめうる最初の単元である.

補足 52. 「秭」について: もともとは「秭」(読み方:し) であったが, 塵劫記[34]作成時に「秭」と誤って書かれて以降, 「秭」になり, 現在は「秭」で定着した. 教える場合は「秭」だけ教え, 「秭」は教えない[35].

補足 53. 国家予算では垓 (がい) まで用いる.

---

[32] これに対して, 英語では千進法と百万進法を併用する.

[33] 大数は以下のように続くが, これはもはや雑学の域を出ない.

無量大数	不可思議	那由他	阿僧祇	恒河沙	極	載	正	澗	溝	穣
むりょうたいすう	ふかしぎ	なゆた	あそうぎ	ごうがしゃ	ごく	さい	せい	かん	こう	じょう
10^{68}	10^{64}	10^{60}	10^{56}	10^{52}	10^{48}	10^{44}	10^{40}	10^{36}	10^{32}	10^{28}

雑学に過ぎないが, 児童を算数好きにさせる一つの切欠にはなりうる.

[34] 江戸時代の数学書. 1627 年に和算家吉田光由が記した.

[35] 「秭」と「秭」の両方を教えると, 暗記の際に障害になり, 結果, 桁を間違える原因となる. 教えるならば国語科か社会科の中で教えることであり, 算数科・数学科で教えるべきことではない. 算数科・数学科では「秭」のみで十分である.

33.3 単元群「足し算の筆算」

細かい前倒し単元を除いて, 関連する単元を列挙する.

第一学年	第二学期	単元「たしざん (2)」	
第二学年	第一学期	単元「たし算のひっ算 (1)」	[**]+[**]=[**]
	第二学期	単元「たし算のひっ算 (2)」	[**]+[**]=[(0/1)**]
第三学年	第一学期	単元「たし算の筆算」	[****]+[****]=[****]

33.3.1 「ひっ算」のまとめ

一般に, $a, b \in [\beta], \varepsilon \in [2]$ とすると, $a + b + \varepsilon \in [\beta \times 2]$ となるので, これを β 進法で考えるとき, 繰上がりは 0 か 1 である.

「ひっ算 (2)」では, [**]+[**]=[(0/1)**] の型の計算, つまり繰上がりが高々 2 回起こる計算を行なうことになる. この意味では, [**]+[**]=[(0/1)**] 型のたし算の全リストのようなものがあった方が, 理解の上でも指導の上でも便利である. 「ひっ算 (1)」のときと同様に, 0 の有無と繰上がりの有無に注目して分類すると, 「ひっ算 (2)」では以下の「$6 \times 6 = 36_{(\mathbf{A})}$ 個の型」が得られる:

$$
\begin{array}{cccccc}
0+0=0 & 0+2=2 & 2+0=2 & 2+3=5 & 2+8=10 & 2+9=11 \\
0+20=20 & 0+23=23 & 2+30=32 & 2+34=36 & 2+38=40 & 2+39=41 \\
20+0=20 & 20+3=23 & 23+0=23 & 23+4=27 & 23+7=30 & 23+9=32 \\
20+30=50 & 20+34=54 & 23+40=63 & 23+45=68 & 23+47=70 & 23+49=72 \\
20+80=100 & 20+83=103 & 23+80=103 & 23+84=107 & \underline{23+77=100} & \underline{23+79=102} \\
20+90=110 & 20+93=113 & 23+90=113 & 23+94=117 & \underline{23+97=120} & \underline{23+98=121}
\end{array}
$$

補足 54. もう少し細かく分類することもできる. 例えば, 10 の位だけでは繰上がらないが, 1 の位からの繰上がりがあるために, 10 の位からの繰上がりが発生する場合がある. この場合, 10 の位は $0+9$ や $9+0$ であってもよいことになるので, このような場合を区別すると, 下線を引いた型はさらに分類できて, 「ひっ算 (2)」は $40_{(\mathbf{A})}$ 個の型に分類されることになる.

ところで, $36_{(\mathbf{A})}$ 個はそこそこ多い. この方向で 3 桁の場合を考えると, $6 \times 6 \times 6 = 216_{(\mathbf{A})}$ 個の型を考えることになる. これはこれで意味があるが, 0 の有無は考えないことにして, 繰上がりの有無のみで分類しよう. すると, 「ひっ算 (2)」は以下の 4 個の型になる:

10 の位から繰上がらない		10 の位から繰上がる	
1 の位から繰上がらない	1 の位から繰上がる	1 の位から繰上がらない	1 の位から繰上がる
$23+45=68$	$23+49=72$	$23+94=117$	$\underline{23+98=121}$

下線を引いた型は, 上述のような '連鎖的な' 繰上がりがある場合を含んでいる. それを区別すれば 5 個の型に分類される.

3 桁の場合は 8 個の型になる:

100 の位から繰上がらない			
10 の位から繰上がらない		10 の位から繰上がる	
1 の位から繰上がらない	1 の位から繰上がる	1 の位から繰上がらない	1 の位から繰上がる
234 + 345 = 579	234 + 349 = 583	234 + 395 = 629	234 + 389 = 623

100 の位から繰上がる			
10 の位から繰上がらない		10 の位から繰上がる	
1 の位から繰上がらない	1 の位から繰上がる	1 の位から繰上がらない	1 の位から繰上がる
234 + 945 = 1179	234 + 949 = 1183	234 + 995 = 1229	234 + 989 = 1223

下線を引いた型は, 上述のような '連鎖的な' 繰上がりがある場合を含んでいる. それを区別すれば $13_{(\mathrm{A})}$ 個の型に分類される.

33.3.2 「筆算」の目的

目的はふたつある.

ひとつ目の目的は, 繰上がりの完全な定着である. 『1・2・いっぱい』の原理から, 3 回の繰上がりが起こる計算をさせる必要がある. したがって, 最低でも

$$[***] + [***] = [(0/1)***]$$

を扱う必要がある.

ふたつ目の目的は「かけ算の筆算」への準備である. 「かけ算の筆算」においては, その途中で「たし算のひっ算」を利用することになる. ここで, 「かけ算の筆算」の習得のためには, 『1・2・いっぱい』の原理によれば, 「[***]×[***]=[******]」の場合の計算が必要となる. ここで用いる足し算は「[******]+[*****]=[******]」の型の計算である. したがって, 「足し算の筆算」のまとめの際には「[******]+[*****]=[******]」の問題が解けること視野に入れておくべきだと言える.

33.4 単元群「引き算の筆算」

細かい前倒し単元を除いて, 関連する単元を列挙する.

第一学年	第二学期	単元「ひきざん (2)」	
第二学年	第一学期	単元「ひき算のひっ算 (1)」	[**]-[**]=[**]
	第二学期	単元「ひき算のひっ算 (2)」	[(0/1)**]-[**]=[**]
第三学年	第一学期	単元「ひき算の筆算」	[****]-[****]=[****]

33.4.1 「ひっ算」のまとめ

「ひっ算 (2)」では, [(0/1)**]-[**]=[**] の型の計算, つまり繰下がりが高々 2 回起こる計算を行なうことになる. この意味では, [(0/1)**]-[**]=[**] 型のひき算の全リストのようなものがあった方が, 理解の上でも指導の上でも便利である. 「ひっ算 (1)」のときと同様に, 0 の有無と繰下がりの有無に注目して分類すると, 「ひっ算 (2)」では以下の「$6 \times 6 = 36_{(A)}$ 個の型」が得られる:

$0-0=0$	$2-2=0$	$2-0=2$	$5-3=2$	$10-8=2$	$11-9=2$
$20-20=0$	$23-23=0$	$32-30=2$	$36-34=2$	$40-38=2$	$41-39=2$
$20-0=20$	$23-3=20$	$23-0=23$	$27-4=23$	$30-7=23$	$32-9=23$
$50-30=20$	$54-34=20$	$63-40=23$	$68-45=23$	$70-47=23$	$72-49=23$
$100-80=20$	$103-83=20$	$103-80=23$	$107-84=23$	$\underline{100-77=23}$	$\underline{102-79=23}$
$110-90=20$	$113-93=20$	$113-90=23$	$117-94=23$	$\underline{120-97=23}$	$\underline{121-98=23}$

補足 55. もう少し細かく分類することもできる. 例えば, 10 の位だけでは繰下がらないが, 1 の位への繰下がりがあるために, 10 の位への繰下がりが発生する場合がある. この場合, 10 の位は $0-0$ や $9-9$ であってもよいことになるので, このような場合を区別すると, 下線を引いた型はさらに分類できて, 「ひっ算 (2)」は $40_{(A)}$ 個の型に分類されることになる.

ところで, $36_{(A)}$ 個はそこそこ多い. この方向で 3 桁の場合を考えると, $6 \times 6 \times 6 = 216_{(A)}$ 個の型を考えることになる. これはこれで意味があるが, 0 の有無は考えないことにして, 繰下がりの有無のみで分類しよう. すると, 「ひっ算 (2)」は以下の 4 個の型になる:

10 の位へ繰下がらない		10 の位へ繰下がる	
1 の位へ繰下がらない	1 の位へ繰下がる	1 の位へ繰下がらない	1 の位へ繰下がる
$68-45=23$	$72-49=23$	$117-94=23$	$\underline{121-98=23}$

下線を引いた型は, 上述のような '連鎖的な' 繰上がりがある場合を含んでいる. それを区別すれば 5 個の型に分類される.

3 桁の場合は 8 個の型になる:

100 の位へ繰下がらない			
10 の位へ繰下がらない		10 の位へ繰下がる	
1 の位へ繰下がらない	1 の位へ繰下がる	1 の位へ繰下がらない	1 の位へ繰下がる
579 – 345 = 234	583 – 349 = 234	629 – 395 = 234	<u>623 – 389</u> <u>= 234</u>

100 の位へ繰下がる			
10 の位へ繰下がらない		10 の位へ繰下がる	
1 の位へ繰下がらない	1 の位へ繰下がる	1 の位へ繰下がらない	1 の位へ繰下がる
1179 – 945 = 234	1183 – 949 = 234	<u>1229 – 995</u> <u>= 234</u>	<u>1223 – 989</u> <u>= 234</u>

下線を引いた型は, 上述のような ‘連鎖的な’ 繰上がりがある場合を含んでいる. それを区別すれば $13_{(A)}$ 個の型に分類される.

33.4.2 「筆算」の目的

目的はふたつある.

ひとつ目の目的は, 繰下がりの完全な定着である. 『1・2・いっぱい』の原理から, 3 回の繰下がりが起こる計算をさせる必要がある. したがって, 最低でも

$$[(0/1)***] - [***] = [***]$$

を扱う必要がある.

ふたつ目の目的は「わり算の筆算」への準備である. 「わり算の筆算」においては, その途中で「ひき算のひっ算」を利用することになる. ここで, 「わり算の筆算」の習得のためには, 『1・2・いっぱい』の原理によれば, 「[******]÷[***]=[***]...(あまり)」の場合の計算が必要となる. ここで用いるひき算は「[******]–[*****]=[******]」の型の計算である. したがって, 「引き算の筆算」のまとめの際には「[******]–[*****]=[******]」の問題が解けること視野に入れておくべきだと言える.

33.5 単元群「掛け算の筆算」

細かい前倒し単元を除いて, 関連する単元を列挙する.

第二学年	第二学期	単元「かけ算」
第三学年	第二学期	単元「1けたをかけるかけ算」
	第三学期	単元「2けたをかけるかけ算」
第四学年	第一/二学期	単元「3けたをかけるかけ算」

『1・2・いっぱい』の原理から,「[***]×[***]=[******]」の型の計算が必要になる. これを順に学習するように単元が配置されている.

33.5.1 単元「1けたをかけるかけ算」

この単元では, 乗数が1桁の掛け算の筆算の習得が目標である. したがって,『1・2・いっぱい』の原理から「[***]×[*]」を扱う必要がある. 1桁を掛ける筆算は, 分配律を利用して, 計算を乗法の素過程と加法に帰着させる方法である:

$$\left(\sum_{m=0}^{d-1} \beta^m a_m\right) \times b = \sum_{m=0}^{d-1} \beta^m \underline{(a_m \times b)}_{\text{乗法の素過程}}.$$

例えば, 666×3 を例に挙げれば, 次のようになる:

$$\begin{array}{rrrr} & 6 & 6 & 6 \\ \times & & & 3 \\ \hline 1 & 9 & 9 & 8 \end{array} \qquad \begin{array}{rrrr} & 6 & 6 & 6 \\ \times & & & 3 \\ \hline & & 1 & 8 \\ & 1 & 8 & \\ 1 & 8 & & \\ \hline 1 & 9 & 9 & 8 \end{array}$$

補足 56. digit に0が含まれる数字が被乗数の場合は, 感じる難易度に違いがあるので, これを区別することは理解の上でも指導の上でも有意義であろう. この意味で, 被乗数3桁の場合は, 右の $16_{(A)}$ 個の型への分類には意味がある:

$0 \times 0 = 0$	$0 \times 3 = 0$
$2 \times 0 = 0$	$2 \times 3 = 6$
$20 \times 0 = 0$	$20 \times 4 = 80$
$23 \times 0 = 0$	$23 \times 4 = 92$
$200 \times 0 = 0$	$200 \times 4 = 800$
$203 \times 0 = 0$	$203 \times 4 = 812$
$230 \times 0 = 0$	$230 \times 6 = 1380$
$234 \times 0 = 0$	$234 \times 6 = 1404$

問題 41. 中段の加法の筆算の部分で, 繰上がりが発生する場合を考慮して, さらに細かく分類するのもよいだろう. 挑戦してみよ.

33.5.2 単元「2 けたをかけるかけ算」

この単元は, かけ算の筆算のまとめを行なう単元「3 けたをかけるかけ算」の前倒しの単元である.

かけ算の筆算は分配律に基づいて, 1 桁を掛けるかけ算に帰着する方法である.

$$\sum_{m=0}^{d-1} \beta^m a_m \times (\beta b_1 + b_0) = \beta \left(\sum_{m=0}^{d-1} \beta^m a_m \times b_1 \right) + \left(\sum_{m=0}^{d-1} \beta^m a_m \times b_0 \right)$$

乗数が複数桁の場合は, 乗数が 1 桁の場合を組み合わせて計算する.

例えば, 666 × 33 を例に挙げれば, 次のようになる:

$$\begin{array}{rrrrr} & & 6 & 6 & 6 \\ \times & & & 3 & 3 \\ \hline & 1 & 9 & 9 & 8 \\ 1 & 9 & 9 & 8 & \\ \hline 2 & 1 & 9 & 7 & 8 \end{array} \qquad \begin{array}{rrrrr} & & 6 & 6 & 6 \\ \times & & & 3 & 3 \\ \hline & & & 1 & 8 \\ & & 1 & 8 & \\ & 1 & 8 & & \\ & & 1 & 8 & \\ & 1 & 8 & & \\ 1 & 8 & & & \\ \hline 2 & 1 & 9 & 7 & 8 \end{array}$$

33.5.3 単元「3 けたをかけるかけ算」

かけ算の筆算は分配律に基づいて, 1 桁を掛けるかけ算と加法に帰着する方法である:

$$\sum_{m=0}^{d-1} \beta^m a_m \times \sum_{n=0}^{e-1} \beta^n b_n = \sum_{n=0}^{e-1} \beta^n \underbrace{\left(\sum_{m=0}^{d-1} \beta^m a_m \times b_n \right)}_{1\text{ 桁をかけるかけ算}}$$

この単元が「かけ算の筆算」のまとめをなす単元である.

補足 57. 「[***]×[***] の型」の計算の答えは一般に 6 桁になるので, 万進法を知らないと, 解は書けるが読めないという状況になってしまう. したがって, 本単元は万進法の学習より後ろにしか配置できない.

33.6 長除法の仮定

以下, 除数 x は 2 桁としよう. つまり, $x = \beta x_0 + x_1$ $(1 \leqq x_0 < \beta,$ $0 \leqq x_1 < \beta)$ とする. また, 自然数 y は $0 \leqq y < \beta \times x$ を満たすと仮定しよう. この仮定を**長除法の仮定**と呼ぶことにしよう.

例えば, x で自然数 Y を割る問題を考えているとき, Y の上 2 桁を y とすると, 長除法の仮定は満たされる.

長除法の原理

命題 33.1. 自然数 Y について, $y := \left\lfloor \frac{Y}{\beta^{N+1}} \right\rfloor$ が長除法の仮定を満たすとし, y を x で割って, $y = x \times q + r$ $(0 \leqq r < x)$ とする. このとき,

(1) $Y \geqq \beta^{N+1} \times x \times q$ であり,

(2) $Y' := Y - \beta^{N+1} \times x \times q$ とおくと, $\left\lfloor \frac{Y'}{\beta^N} \right\rfloor$ は長除法の仮定を満たす.

$$
\begin{array}{rl}
 & \quad q \\
x \;) & \boxed{\;y\;}\; y_2 \;\; y_3 \;= Y \\
 & x \times q \\
\hline
 & \boxed{\;r \;\; y_2\;}\; y_3 \;= Y'
\end{array}
$$

Proof.

$$Y = \beta^{N+1} \times y + \beta^N \times y_2 + y_3 \ (0 \leqq y_2 < \beta \text{ and } 0 \leqq y_3 < \beta^N)$$

としよう. このとき, $x \times q \leqq x \times q + r = y < \beta \times x$ であるから, x で割って $q < \beta$. ここで, $y \geqq x \times q$ であるから, $\beta^{N+1} \times y \geqq \beta^{N+1} \times x \times q$. ゆえに, $Y \geqq \beta^{N+1} \times x \times q$. さて, $Y' := Y - \beta^{N+1} \times x \times q$ とおこう. このとき,

$$
\begin{aligned}
Y' &= Y - \beta^{N+1} \times x \times q = \beta^{N+1} \times y + \beta^N \times y_2 + y_3 - \beta^{N+1} \times x \times q \\
&= \beta^{N+1} \times (y - x \times q) + \beta^N \times y_2 + y_3 \\
&= \beta^{N+1} \times r + \beta^N \times y_2 + y_3 \\
&= \beta^N \times (\beta \times r + y_2) + y_3.
\end{aligned}
$$

ここで, $y' := \beta \times r + y_2$ とおけば, $r \leqq x - 1$ and $y_2 \leqq \beta - 1$ であるから,

$$y' \leqq \beta \times (x - 1) + (\beta - 1) = \beta \times x - 1 < \beta \times x.$$

ゆえに, y' は再び長除法の仮定を満たす. □

33.7 単元群「余りのある割り算の筆算」

細かい前倒し単元を除いて, 関連する単元を列挙する.

第三学年	第一/二学期	単元「あまりのあるわり算」
第四学年	第一学期	単元「1 けたでわるわり算」
第四学年	第二学期	単元「2 けたでわるわり算」
第四学年	第二学期	単元「3 けたでわるわり算」

まず,『1・2・いっぱい』の原理から, 最低でも除数が 3 桁, 商が 3 桁の割り算ができないといけない.

割り算の筆算の難しさは, 主として見積もりを立てる必要があるところにある[36]. 加法・減法・乗法には素過程があり, これを基礎としてすべての自然数でアルゴリズム的に計算することができる. しかし, 余りつき除法の場合, 素過程だけで対処できるのは「1 桁でわるわり算」のみであり, 複数桁でわる場合は「見積もり」が必要となる.「見積もり」自体は大切な思考法であるが, 一方, これが不得手な児童に対する対策も必要であろう. 実際,「見積もり」が不得手な児童こそ余りつき除法の不得手な児童なのだから, この対策は実質的な意味を持つ.

33.7.1 単元「1 けたでわるわり算」

この単元では除数 b が 1 桁 ($1 \le b < \beta$), 商が 2 桁以上になる場合を含めて想定している.

長除法の等分除としての理解 例えば, 右の筆算において, 商の 2 は余り付き等分除の商である.

$$\begin{array}{r} 2 \\ 3\,\overline{)\,7\,4} \\ 6 \\ \hline 1 \end{array} \quad \rightarrow \quad \begin{array}{r} 2\,4 \\ 3\,\overline{)\,7\,4} \\ 6 \\ \hline 1\,4 \\ 1\,2 \\ \hline 2 \end{array}$$

$$\begin{aligned}
&74_{(\mathtt{A})} \\
&= \mathtt{A}+\mathtt{A}+\mathtt{A}+\mathtt{A}+\mathtt{A}+\mathtt{A}+\mathtt{A}+1+1+1+1 \\
&= \boxed{\mathtt{A}+\mathtt{A}}+\boxed{\mathtt{A}+\mathtt{A}}+\boxed{\mathtt{A}+\mathtt{A}}+\mathtt{A}+1+1+1+1 \\
&= \boxed{\mathtt{A}+\mathtt{A}}+\boxed{\mathtt{A}+\mathtt{A}}+\boxed{\mathtt{A}+\mathtt{A}}+\underbrace{1+1+\cdots+1}_{14_{(\mathtt{A})}\text{個}} \\
&= \boxed{\mathtt{A}+\mathtt{A}+1+1+1+1}+\boxed{\mathtt{A}+\mathtt{A}+1+1+1+1}+\boxed{\mathtt{A}+\mathtt{A}+1+1+1+1}+1+1 \\
&= \boxed{24_{(\mathtt{A})}}+\boxed{24_{(\mathtt{A})}}+\boxed{24_{(\mathtt{A})}}+2
\end{aligned}$$

割り算の計算は普通, 長除法で計算する. つまり, 余り付き等分除がその基礎であり, 必須である.

36) 他にもある. 例えば, 加法・減法・乗法の筆算が 1 の位から計算するのに対して, 割り算の筆算は最高位から計算する点など.

商の立て方 論点は以下の 3 つである:

(1) 商はどの位に立てるべきか判断できること.

(2) 立てる商を求められること.

(3) (1)(2) の手順の繰り返しよって商と余りを求められること.

まず, (1)(2) について論ずるために,

$$\begin{array}{r} 2 \\ 3\ \overline{)\ 7\ \ 4} \end{array} \qquad \begin{array}{r} 8 \\ 3\ \overline{)\ 2\ \ 5} \end{array} \tag{33.1}$$

というふたつの筆算を考える. この場面では

- 被除数の最高位 ⋯ 7 や 2
- 除数 ⋯ 3

の比較が重要である. ここで, 2 通りの方針がある.

[方針 1] 方針 1 では最高位は 1 以上の商を立てる.

- 左の例では $3 \leqq 7$ なので, 商の最高位は 10 の位.
- 右の例では $2 < 3$ なので, 商の最高位は 1 の位.

方針 1 では, 被除数はどちらも 2 桁であっても立てるべき商の最高位の場所が異なる.

商を立てる場所がわかったら, 次には商の最高位の値を求める. ここで, 素過程の計算を行なうが, 商の最高位の値は 1 以上 A 未満になる. 方針 1 では商が 1 以上の素過程しか用いない.

[方針 2] 方針 2 では, 0 を含めて商を立てる. 方針 2 では, 立てるべき商の場所が明確であり, 右のように計算する. ただし, 右の例の場合は頭の中で 0 を立てて実際には 0 を書かない.

$$\begin{array}{r} 2 \\ 3\ \overline{)\ 7\ \ 4} \end{array} \qquad \begin{array}{r} 0 \\ 3\ \overline{)\ 2\ \ 5} \end{array}$$

- 左の例では $6 \leqq 7 < 9$ なので, 素過程から A の位に 2 を立てる.
- 右の例では $0 \leqq 2 < 3$ なので, 素過程から A の位に 0 を立てる. ただし, 実際には 0 を書かない.

このように, 方針 2 では, 常に 10 の位から商を立てる. その代わり, 商が 0 になる場合を許している. ここではすべての素過程が利用される.

(3) 次に (3) についてだが, 方針 1 の場合, 右の割り算の指導の際に問題が生ずることがある. この段階で, 10 の位に 0 を立てる. この計算は商が 0 の素過程である. しかし, この計算ができない児童は結構多い. これは, 商が 0 の素過程に児童が慣れていないことに原因の一端がある. 第三学年の単元「あまりのあるわり算」において, 殆どの教科書で商が 0 の素過程の取り扱いがない. つまり,「習っていないことを第四学年で突如求められる」という状況に児童は置かれている. 特に, 児童はステップ (1)(2) では商が 0 の素過程を必要としないのに, (3) で初めて商が 0 の素過程を必要とする. 第三学年で商が 0 の素過程を意識的に学習していない児童にとっては, このタイミングが初出となる. 初めて習う計算の途中に, 初めて見る計算が現れるのでは計算できないのも当然であろう. 先に商が 0 の素過程の重要性を説いたのはこのような理由による. この計算ができない児童が多いのは, 当たり前である. 第三学年では商が 0 の素過程の取り扱いが必須であると言える.

$$
\begin{array}{r}
2 \\
3\,\overline{)\,6\,1\,4}
\end{array}
\rightarrow
\begin{array}{r}
2 \\
3\,\overline{)\,6\,1\,4} \\
6 \\
\hline
1
\end{array}
$$

方針 1 に従って計算する児童はとても多いし, 方針 1 に沿った指導しかしていない教師も多い. しかし, 方針 1 はこのように手順が複雑であり, 児童にとってトラップ (罠) が多い. ここで躓く児童が多いのは当たり前のことである.

一方で, 方針 2 に従う場合は (1) で商に 0 を立てることを想定しているので, 方針 1 よりも自然に 0 を立てることができる. このように, 方針 2 は手順が単純で簡単である.

$$
\begin{array}{r}
2 \\
3\,\overline{)\,6\,1\,4}
\end{array}
\rightarrow
\begin{array}{r}
2\,0 \\
3\,\overline{)\,6\,1\,4} \\
6 \\
\hline
1
\end{array}
$$

まとめ 方針 1 と方針 2 の違いは, 0 を避けるか否かという判断の違いにある. 一般に, 児童にとって, 0 と正の自然数は印象として大分異なる. このことに配慮して, 0 と正の自然数を区別して指導するのが方針 1 である. すると, 本来区別する必要のないものを区別してしまっているために議論が複雑化してしまう. これは至極当然のことである. 方針 2 では 0 と正の自然数を区別しない方針である. すると, 議論が単純化する.

さて, 除数が 1 桁の場合は, 素過程の繰り返しで計算できる. しかし, 除数が 2 桁の場合は単純な素過程の組合せだけでは計算できない. 加法・減法・乗法の筆算においては, 桁数が如何に多くても素過程の組合せだけで計算できるの対して, これは対照的である.

33.7.2 単元「2 けたでわるわり算」

余りのある割り算のひっ算では, 除数が複数桁になると, 「見積もり」が必要になる. 実は, 除数が 2 桁の場合が相対的に一番難しい.

見積もりの仕方 基本的には試行錯誤によって見積もりをすればよい. しかし, 試行錯誤は個人差が大きく, 見積もりが右往左往してしまう児童もいる. この問題に対する数学的対処法の一つである**指隠し法**を紹介する. 指隠し法とは, 2 桁 (3 桁以上) の除数の場合に仮商を立てる方法である.

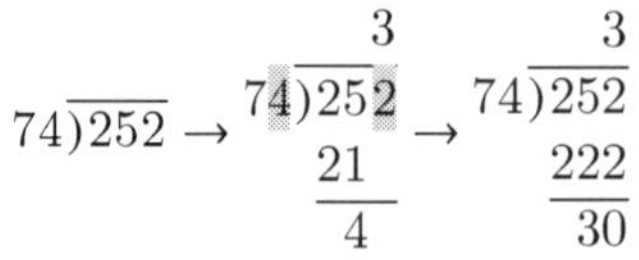

$$74\overline{)252} \to \begin{array}{r} 3 \\ 7\boxed{4}\overline{)25\boxed{2}} \\ 21 \\ \hline 4 \end{array} \to \begin{array}{r} 3 \\ 74\overline{)252} \\ 222 \\ \hline 30 \end{array}$$

網掛けの部分は指で隠した部分である. 指で 1 の位を隠し $25 \div 7$ を計算して商が 3 なので, $252 \div 74$ の仮商として 3 を立てる.

のように行なう. 次の補題は, 見積もりの精度を与える:

指隠し法

補題 33.2. $\beta \in \mathbb{N}$ $(\beta \geqq 2)$, $x, y \in \mathbb{N}$ とし, $y < \beta \times x$ とする. また,

$$x = \beta x_1 + x_0 \qquad (1 \leqq x_1, \ \text{and} \ 0 \leqq x_0 < \beta),$$
$$y = \beta y_1 + y_0 \qquad (0 \leqq y_1, \ \text{and} \ 0 \leqq y_0 < \beta)$$

とする. このとき,

$x \neq 0$ であり,

$$\left\lfloor \frac{y_1}{x_1 + 1} \right\rfloor \leq \left\lfloor \frac{y}{x} \right\rfloor \leq \left\lfloor \frac{y_1}{x_1} \right\rfloor.$$

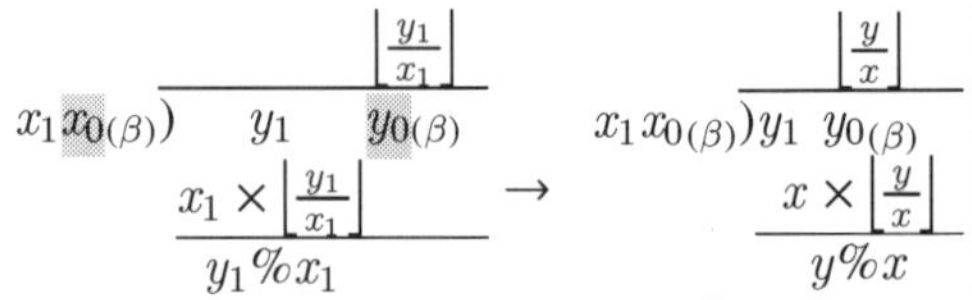

$$\begin{array}{r} \left\lfloor \frac{y_1}{x_1} \right\rfloor \\ x_1 \boxed{x_{0(\beta)}} \overline{) \quad y_1 \quad \boxed{y_{0(\beta)}}} \\ x_1 \times \left\lfloor \frac{y_1}{x_1} \right\rfloor \phantom{y_{0(\beta)}} \\ \hline y_1 \% x_1 \phantom{y_{0(\beta)}} \end{array} \to \begin{array}{r} \left\lfloor \frac{y}{x} \right\rfloor \\ x_1 x_{0(\beta)} \overline{) y_1 \ y_{0(\beta)}} \\ x \times \left\lfloor \frac{y}{x} \right\rfloor \\ \hline y \% x \end{array}$$

(仮商を立てる.) (真の商)

Proof. $1 \leqq x_1$ であるから, 除法の原理より, $y_1 = x_1 \times q + r$ $(0 \leq r < x_1)$ と書ける. $q = \left\lfloor \frac{y_0}{x_0} \right\rfloor$ である. いま, $\begin{cases} r \leqq x_1 - 1, y_0 \leqq \beta - 1 \\ x_0 \geqq 0 \end{cases}$ だから,

$$\begin{aligned} \frac{y}{x} &= \frac{\beta y_1 + y_0}{\beta x_1 + x_0} = \frac{\beta(x_1 q + r) + y_0}{\beta x_1 + x_0} \leq \frac{\beta(x_1 q + x_1 - 1) + \beta - 1}{\beta x_1} \\ &= \frac{\beta(x_1 q + x_1) - 1}{\beta x_1} < \frac{\beta(x_1 q + x_1)}{\beta x_1} = q + 1. \end{aligned}$$

したがって, $\left\lfloor \frac{y}{x} \right\rfloor < q + 1$. ゆえに, $\left\lfloor \frac{y}{x} \right\rfloor \leqq q = \left\lfloor \frac{y_1}{x_1} \right\rfloor$. 一方, $\begin{cases} 0 \leqq y_1 \\ x_0 < \beta \end{cases}$ であるから, $\frac{y}{x} = \frac{\beta y_1 + y_0}{\beta x_1 + x_0} \geq \frac{\beta y_1}{\beta x_1 + \beta} = \frac{y_1}{x_1 + 1}$. ゆえに, $\left\lfloor \frac{y}{x} \right\rfloor \geqq \left\lfloor \frac{y_1}{x_1 + 1} \right\rfloor$. □

除数 [2 桁], 商 [1 桁] の 7 個の型

除数が 2 桁, 商が 1 桁の割り算には 7 個の型がある. 長除法においてはこの 7 個の型の習得が基本的である. これらは

- 仮商が A 未満か否か.
- 被除数が 2 桁か 3 桁か.
- 見積もりを誤るか否か.
- 真の商が 1 以上か 0 か.

の 4 観点に基づいて分類している.

(1) $$23\overline{)80} \to \begin{array}{r} 4 \\ 23\overline{)80} \\ 8 \\ \hline 0 \end{array} \to \begin{array}{r} 4 \\ 23\overline{)\ 80} \\ 92 \\ \hline -12 \end{array} \to \begin{array}{r} 3 \\ 23\overline{)80} \\ 69 \\ \hline 11 \end{array}$$

(2) $$23\overline{)100} \to \begin{array}{r} 5 \\ 23\overline{)100} \\ 10 \\ \hline 0 \end{array} \to \begin{array}{r} 5 \\ 23\overline{)100} \\ 115 \\ \hline -15 \end{array} \to \begin{array}{r} 4 \\ 23\overline{)100} \\ 92 \\ \hline 8 \end{array}$$

(3) $$23\overline{)70} \to \begin{array}{r} 3 \\ 23\overline{)70} \\ 6 \\ \hline 1 \end{array} \to \begin{array}{r} 3 \\ 23\overline{)70} \\ 69 \\ \hline 1 \end{array}$$

(4) $$23\overline{)119} \to \begin{array}{r} 5 \\ 23\overline{)119} \\ 10 \\ \hline 1 \end{array} \to \begin{array}{r} 5 \\ 23\overline{)119} \\ 115 \\ \hline 4 \end{array}$$

(5) $$23\overline{)20} \to \begin{array}{r} 1 \\ 23\overline{)20} \\ 2 \\ \hline 0 \end{array} \to \begin{array}{r} 1 \\ 23\overline{)20} \\ 23 \\ \hline -3 \end{array} \to \begin{array}{r} 0 \\ 23\overline{)20} \\ 0 \\ \hline 20 \end{array}$$

(6) $$23\overline{)10} \to \begin{array}{r} 0 \\ 23\overline{)10} \\ 0 \\ \hline 1 \end{array} \to \begin{array}{r} 0 \\ 23\overline{)10} \\ 0 \\ \hline 10 \end{array}$$

(7) $$23\overline{)229} \to \begin{array}{r} 11 \\ 23\overline{)22\ 9} \\ 22 \\ \hline 0 \end{array} \to \begin{array}{r} 11 \\ 23\overline{)229} \\ 253 \\ \hline -24 \end{array} \to \begin{array}{r} 9 \\ 23\overline{)229} \\ 207 \\ \hline 22 \end{array}$$

(1)(2) についての補足: 見積もりの誤りは前述の補題の通り, そこそこ大きくなることがある. このような現象は除数の 10 の位が小さい場合に起こる. しかし, このような場合ならば, 指隠し法に頼らずとも感覚的な見積もりでも大きく誤ることはないだろう. 逆に, 感覚的な見積もりが難しくなるのは除数の 10 の位の数字が大きい場合であり, そのようなときは指隠し法が有効になる. 実用上は感覚的な見積もりと指隠し法を併用するのがよい.

(7) についての補足: 長除法の仮定より, 商が 9 以下になることは, 最初から分かっている. このようなとき, 最初に立てる仮商を 9 にする.

一般に, 「除数が 2 桁・商が 2 桁以上」の長除法では, 上述の 7 個の型を基本ステップとして, これの繰り返しによって商と余りを求める. 除数 3 桁以上の長除法は, 除数 2 桁の場合の長除法ができれば大して苦労もなく習得できる. この意味では「除数 2 桁の場合の長除法」の習得に意味があり, これが単元「2 けたでわるわり算」の役割である.

33.7.3 単元「3けたでわるわり算」

先述の通り, 除数が2桁の場合が相対的に一番難しい. これは, 除数が1桁から2桁へなったときの難易度の増加が, 2桁から3桁に(あるいはそれ以上の桁に)なるときの難易度の増加より大きい, という意味である.

除数が3桁以上の場合も, 指隠し法が有効である.

指隠し法による仮商の変化

定理 33.3. $\beta \in \mathbb{N}$ $(\beta \neq 0, 1)$ とする. $x, y \in \mathbb{N}$ を

$$x = \sum_{n=0}^{N} \beta^n x_n \quad (x_n \in [\beta]\ (n = 0, 1, \cdots, N-1), 1 \leqq x_N < \beta)$$

$$y = \sum_{n=0}^{N} \beta^n y_n \quad (y_n \in [\beta]\ (n = 0, 1, \cdots, N-1), y_N \in \mathbb{N})$$

とする. また, $y < \beta \times x$ とする. このとき, 以下が成り立つ.

(1) $\left\lfloor \frac{y}{x} \right\rfloor \leqq \cdots \leqq \left\lfloor \frac{\beta \times y_N + y_{N-1}}{\beta \times x_N + x_{N-1}} \right\rfloor \leqq \left\lfloor \frac{y_N}{x_N} \right\rfloor$.

(2) $\left\lfloor \frac{y}{x} \right\rfloor$ と $\left\lfloor \frac{y_N}{x_N} \right\rfloor$ は最大 $\left[\frac{y_N}{x_N(x_N+1)} \right]$ の差がある.

(3) $\left\lfloor \frac{y}{x} \right\rfloor$ と $\left\lfloor \frac{\beta \times y_N + y_{N-1}}{\beta \times x_N + x_{N-1}} \right\rfloor$ は最大で1の差がある.

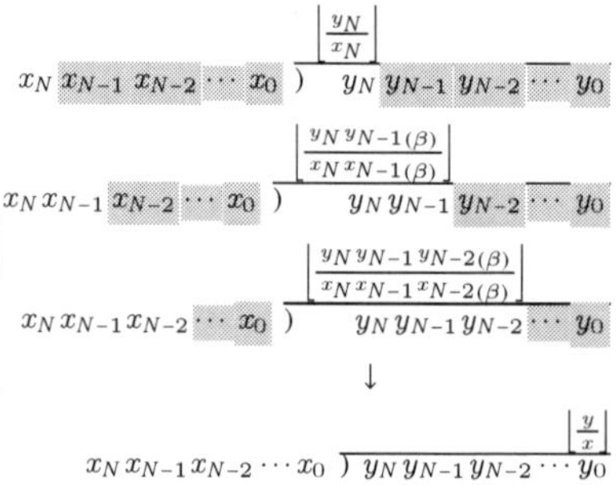

$$\left\lfloor \frac{y_N}{x_N} \right\rfloor \quad x_N\, x_{N-1}\, x_{N-2} \cdots x_0 \,\big)\, y_N\, y_{N-1}\, y_{N-2} \cdots y_0$$

$$\left\lfloor \frac{y_N y_{N-1(\beta)}}{x_N x_{N-1(\beta)}} \right\rfloor \quad x_N\, x_{N-1}\, x_{N-2} \cdots x_0 \,\big)\, y_N\, y_{N-1}\, y_{N-2} \cdots y_0$$

$$\left\lfloor \frac{y_N y_{N-1} y_{N-2(\beta)}}{x_N x_{N-1} x_{N-2(\beta)}} \right\rfloor \quad x_N\, x_{N-1}\, x_{N-2} \cdots x_0 \,\big)\, y_N\, y_{N-1}\, y_{N-2} \cdots y_0$$

↓

$$\left\lfloor \frac{y}{x} \right\rfloor \quad x_N\, x_{N-1}\, x_{N-2} \cdots x_0 \,\big)\, y_N\, y_{N-1}\, y_{N-2} \cdots y_0$$

Proof. (1) $\begin{cases} x' := \beta^{N-r-1} x_N + \cdots + x_{r+1} \\ \beta^{N-r-1} y_N + \cdots + y_{r+1} = x' \times q' + r' \ \ (0 \leqq r' < x') \end{cases}$ とすれば,

$$\begin{aligned} &\frac{\beta^{N-r} y_N + \cdots + \beta y_{r+1} + y_r}{\beta^{N-r} x_N + \cdots + \beta x_{r+1} + x_r} \\ &= \frac{\beta(\beta^{N-r-1} y_N + \cdots + y_{r+1}) + y_r}{\beta(\beta^{N-r-1} x_N + \cdots + x_{r+1}) + x_r} = \frac{\beta(x' \times q' + r') + y_r}{\beta x' + x_r} \\ &< \frac{\beta(x' \times q' + (x'-1)) + \beta}{\beta x' + 0} = \frac{\beta(x' \times q' + x')}{\beta x'} = q' + 1. \end{aligned}$$

したがって, $\left\lfloor \frac{\beta^{N-r} y_N + \cdots + \beta y_{r+1} + y_r}{\beta^{N-r} x_N + \cdots + \beta x_{r+1} + x_r} \right\rfloor \leqq q'$.

(2) いま,

$$\frac{y}{x} = \frac{\beta^N \times y_N + y^{N-1}}{\beta^N \times x_N + x^{N-1}} \geqq \frac{\beta^N \times y_N + 0}{\beta^N \times x_N + (\beta^N - 1)} \geqq \frac{\beta^N \times y_N}{\beta^N \times (x_N + 1)} = \frac{y_N}{x_N + 1}$$

であるから,

$$\begin{aligned}\frac{y_N}{x_N} - \frac{y}{x} &= \frac{y_N}{x_N} - \frac{\beta^N \times y_N + y^{N-1}}{\beta^N \times x_N + x^{N-1}} \\ &\leqq \frac{y_N}{x_N} - \frac{y_N}{x_N + 1} = \frac{y_N(x_N + 1) - x_N y_N}{x_N(x_N + 1)} = \frac{y_N}{x_N(x_N + 1)}.\end{aligned}$$

(3) いま,

$$\begin{aligned}\frac{y}{x} &= \frac{\beta^{N-1} \times (\beta \times y_N + y_{N-1}) + y^{N-2}}{\beta^{N-1} \times (\beta \times x_N + x_{N-1}) + x^{N-2}} \\ &\geqq \frac{\beta^{N-1} \times (\beta \times y_N + y_{N-1}) + 0}{\beta^{N-1} \times (\beta \times x_N + x_{N-1}) + \beta^{N-1}} = \frac{\beta \times y_N + y_{N-1}}{\beta \times x_N + x_{N-1} + 1}\end{aligned}$$

であるから,

$$\begin{aligned}&\frac{\beta \times y_N + y_{N-1}}{\beta \times x_N + x_{N-1}} - \frac{y}{x} \leqq \frac{\beta \times y_N + y_{N-1}}{\beta \times x_N + x_{N-1}} - \frac{\beta \times y_N + y_{N-1}}{\beta \times x_N + x_{N-1} + 1} \\ &= \frac{\beta \times y_N + y_{N-1}}{(\beta \times x_N + x_{N-1}) \times (\beta \times x_N + x_{N-1} + 1)} \\ &\leqq \frac{y}{(\beta \times x_N + x_{N-1}) \times x} < \frac{\beta}{\beta \times x_N + x_{N-1}} \leqq \frac{\beta}{\beta \times 1 + 0} = 1.\end{aligned}$$

□

$\left\lfloor \frac{y_N}{x_N} \right\rfloor$ は除数の最高位以外を指で隠した場合の仮商を意味する. これに対して, $\left\lfloor \frac{\beta \times y_N + y_{N-1}}{\beta \times x_N + x_{N-1}} \right\rfloor$ は除数の上 2 桁以外を指で隠した場合の仮商を意味する. 命題は仮商のステップごとの変化について主張している. (2) は 2 回目以降の指隠し法は見積もりの誤りが殆どないことを主張している. これが除数が 3 桁以上になっても難易度の増加が大きくないことの根拠である. 指隠し法は極めて有効である.

除数が 3 桁の例

- 1 st step での見積もりの誤りが 2 以上か 1 か 0 か.
- 2 nd step の見積もりの誤りの有無.

で分類すると, 以下の 6 通りに分類できる:

$$180\overline{)\,900} \to \begin{array}{r} 9 \\ 180\overline{)\,900}\end{array} \to \begin{array}{r} 5 \\ 180\overline{)\,900}\end{array} \to \begin{array}{r} 5 \\ 180\overline{)\,900}\end{array}$$

$$181\overline{)\,900} \to \begin{array}{r} 9 \\ 181\overline{)\,900}\end{array} \to \begin{array}{r} 5 \\ 181\overline{)\,900}\end{array} \to \begin{array}{r} 4 \\ 181\overline{)\,900}\end{array}$$

$$133\overline{)\,400} \to \begin{array}{r} 4 \\ 133\overline{)\,400}\end{array} \to \begin{array}{r} 3 \\ 133\overline{)\,400}\end{array} \to \begin{array}{r} 3 \\ 133\overline{)\,400}\end{array}$$

$$134\overline{)\,400} \to \begin{array}{r} 4 \\ 134\overline{)\,400}\end{array} \to \begin{array}{r} 3 \\ 134\overline{)\,400}\end{array} \to \begin{array}{r} 2 \\ 134\overline{)\,400}\end{array}$$

$$200\overline{)\,400} \to \begin{array}{r} 2 \\ 200\overline{)\,400}\end{array} \to \begin{array}{r} 2 \\ 200\overline{)\,400}\end{array} \to \begin{array}{r} 2 \\ 200\overline{)\,400}\end{array}$$

$$201\overline{)\,400} \to \begin{array}{r} 2 \\ 201\overline{)\,400}\end{array} \to \begin{array}{r} 2 \\ 201\overline{)\,400}\end{array} \to \begin{array}{r} 1 \\ 201\overline{)\,400}\end{array}$$

『1・2・いっぱい』の原理から, この場合の習得は必須である.

除数が 4 桁の例

- 1 st step での見積もりの誤りが 2 以上か 1 か 0 か.
- 2 nd step 以降の見積もりの誤りの有無.

で分類すると, 以下の 9 通りに分類できる:

$$1800\overline{)9000} \to \overset{9}{1800\overline{)9000}} \to \overset{5}{1800\overline{)9000}} \to \overset{5}{1800\overline{)9000}} \to \overset{5}{1800\overline{)9000}}$$

$$1801\overline{)9000} \to \overset{9}{1801\overline{)9000}} \to \overset{5}{1801\overline{)9000}} \to \overset{5}{1801\overline{)9000}} \to \overset{4}{1801\overline{)9000}}$$

$$1810\overline{)9000} \to \overset{9}{1810\overline{)9000}} \to \overset{5}{1810\overline{)9000}} \to \overset{4}{1810\overline{)9000}} \to \overset{4}{1810\overline{)9000}}$$

$$1333\overline{)4000} \to \overset{4}{1333\overline{)4000}} \to \overset{3}{1333\overline{)4000}} \to \overset{3}{1333\overline{)4000}} \to \overset{3}{1333\overline{)4000}}$$

$$1334\overline{)4000} \to \overset{4}{1334\overline{)4000}} \to \overset{3}{1334\overline{)4000}} \to \overset{3}{1334\overline{)4000}} \to \overset{2}{1334\overline{)4000}}$$

$$1340\overline{)4000} \to \overset{4}{1340\overline{)4000}} \to \overset{3}{1340\overline{)4000}} \to \overset{2}{1340\overline{)4000}} \to \overset{2}{1340\overline{)4000}}$$

$$2000\overline{)4000} \to \overset{2}{2000\overline{)4000}} \to \overset{2}{2000\overline{)4000}} \to \overset{2}{2000\overline{)4000}} \to \overset{2}{2000\overline{)4000}}$$

$$2001\overline{)4000} \to \overset{2}{2001\overline{)4000}} \to \overset{2}{2001\overline{)4000}} \to \overset{2}{2001\overline{)4000}} \to \overset{1}{2001\overline{)4000}}$$

$$2010\overline{)4000} \to \overset{2}{2010\overline{)4000}} \to \overset{2}{2010\overline{)4000}} \to \overset{1}{2010\overline{)4000}} \to \overset{1}{2010\overline{)4000}}$$

指隠し法自体の習得を目的とするならば, 『１・２・いっぱい』の原理からこの場合の習得が必須である (指で隠す部分が 3 桁以上必要だから). 長除法の習得のためにも, 除数が 4 桁の場合の学習は重要である.

演習問題

問題 42. 余りつき除法 $100_{(A)} \div 27_{(A)}$ を 8 進法の筆算で計算せよ.

問題 43. A 進法の余りつき除法で, 除数が 2 桁のもののうち, 指隠し法による見積もりについて仮商が 9 以下で真の商と仮商の差が 4 のものはいくつあるか求めよ.

第 VII 部
半順序集合

34 半順序集合 (その 2)

本節では, $(S;\leq)$ を半順序集合とする.

34.1 上限と下限

定義 34.1. $a,b\in S$ に対して, $m\in S$ が a,b **の上界**であるとは,

$$a\leq m \text{ and } b\leq m$$

となることである. さらに, $a,b\in S$ に対して, $l\in S$ が a,b **の上限**であるとは,

(a) $a\leq l$ and $b\leq l$,

(b) $\forall m\in S; a\leq m$ and $b\leq m\Rightarrow l\leq m$

となることである.

命題 34.1. $a,b\in S$ とすると, a,b の上限は一意である.

Proof. l_1,l_2 を a,b の上限とする. このとき,

- l_1 は a,b の上限であり, l_2 が a,b の上界だから, $l_1\leq l_2$.
- l_2 は a,b の上限であり, l_1 が a,b の上界だから, $l_2\leq l_1$.

したがって, $l_1\leq l_2$ and $l_2\leq l_1$ より, $l_1=l_2$. □

次の命題は定義から明らかである.

命題 34.2. $a,b\in S$ と $l\in S$ について, 以下は同値である:

(1) l は a,b の上限.

(2) $\forall m\in S; a\leq m$ and $b\leq m\Leftrightarrow l\leq m$.

定義 34.2. $a, b \in S$ に対して, $d \in S$ が a, b **の下界**であるとは,

$$d \preceq a \text{ and } d \preceq b$$

となることである. さらに, $a, b \in S$ に対して, $g \in S$ が a, b **の下限**であるとは,

(a) $g \preceq a$ and $g \preceq b$,

(b) $\forall d \in S; d \preceq a$ and $d \preceq b \Rightarrow d \preceq g$

となることである.

上限の場合と同様に, 以下の命題を示すことができる:

命題 34.3. $a, b \in S$ とすると, a, b の下限は一意である.

命題 34.4. $a, b \in S$ と $g \in S$ について, 以下は同値である:

(1) g は a, b の下限.

(2) $\forall d \in S; d \preceq a$ and $d \preceq b \Leftrightarrow d \preceq g$.

例 34.1. 例 3.3 の半順序集合 $(X; \preceq_3)$ において, 任意の 2 元の上限・下限が存在する.

しかし, 一般に上限や下限は必ずしも存在しない.

例 34.2. 例 3.3 の半順序集合 $(X; \preceq_4)$ において, 任意の 2 元の上限が存在するが, 元 a, b の下限は存在しない.

例 34.3. 集合 X を $X := \{a, b, c, d, e, f\}$ と定め, X 上の二項関係 $\preceq$ を右の表で定めると $\preceq$ は X 上の半順序関係であり, $(X; \preceq)$ 半順序集合である. 半順序集合 $(X; \preceq)$ において, (例えば) b, c は上限を持たないし, d, e は下限を持たない.

$\preceq$	a	b	c	d	e	f
a	T	T	T	T	T	T
b	F	T	F	T	T	T
c	F	F	T	T	T	T
d	F	F	F	T	F	T
e	F	F	F	F	T	T
f	F	F	F	F	F	T

34.2 束順序集合と束

定義 34.3. 集合 S 上の半順序関係 $\leq$ が**束順序関係**であるとは,

(1) $\forall a, b \in S; a$ と b の上限が存在する,

(2) $\forall a, b \in S; a$ と b の下限が存在する

が成り立つことである. またこのとき, 半順序集合 $(S; \leq)$ を**束順序集合**と呼ぶ. a, b の上限を $\vee(a, b)$ と, 下限を $\wedge(a, b)$ と表記する.

さて, 束において, 上限 $\vee$ と下限 $\wedge$ は S 上の二項演算になる. ここで, 代数系 $(S; \vee, \wedge)$ について考えてみよう. 次の命題はほとんど自明である:

命題 34.5. 代数系 $(S; \vee, \wedge)$ は以下を満たす:

(1) $\forall a, b, c \in S;$
$\vee(a, \vee(b, c)) = \vee(\vee(a, b), c).$

(2) $\forall a, b \in S; \vee(a, b) = \vee(b, a).$

(3) $\forall a \in S; \vee(a, a) = a.$

(4) $\forall a, b \in S; \vee(a, \wedge(b, a)) = a.$

(5) $\forall a, b, c \in S;$
$\wedge(a, \wedge(b, c)) = \wedge(\wedge(a, b), c).$

(6) $\forall a, b \in S; \wedge(a, b) = \wedge(b, a).$

(7) $\forall a \in S; \wedge(a, a) = a.$

(8) $\forall a, b \in S; \wedge(a, \vee(b, a)) = a.$

Proof. (1) だけ証明を与える. 任意に $x \in S$ をとれば,

$$\begin{aligned}
\vee(a, \vee(b, c)) \leq x &\Leftrightarrow a \leq x \text{ and } \vee(b, c) \leq x \\
&\Leftrightarrow a \leq x \text{ and } (b \leq x \text{ and } c \leq x) \\
&\Leftrightarrow (a \leq x \text{ and } b \leq x) \text{ and } c \leq x \\
&\Leftrightarrow \vee(a, b) \leq x \text{ and } c \leq x \\
&\Leftrightarrow \vee(\vee(a, b), c) \leq x.
\end{aligned}$$

したがって, $\vee(a, \vee(b, c)) = \vee(\vee(a, b), c)$ が成り立つ.

他も同様である. □

定義 34.4. 集合 S に二項演算 $\vee$ と $\wedge$ が定義されていて, これが命題 34.5 の (1) から (8) を満たすとき, 代数系 $(S; \vee, \wedge)$ を**束**と呼ぶ.

束 $(S;\vee,\wedge)$ が与えられたとき, S 上の二項関係 $\leq$ を

$$a \leq b \quad :\Leftrightarrow \quad \vee(a,b) = b \quad (\Leftrightarrow \wedge(a,b) = a)$$

で定めれば $\leq$ は束順序関係になる. こうして, 束順序集合と束は一対一に対応する.

$$\begin{array}{ccc} (S;\leq) & \stackrel{1:1}{\longleftrightarrow} & (S;\vee,\wedge) \\ \text{束順序集合} & & \text{束} \end{array}$$

本書では, 上限は $\vee(a,b)$ のように演算記号を a,b の左に書いている. この表記を**前置記法** (あるいは**ポーランド記法**) と呼ぶ. これに対して, 例えば加法は $a+b$ のように演算記号を a,b の間に書く. この表記を**中置記法**と呼ぶ. 実は一般的には上限を $a \vee b$ のように中置記法で書く. そうすると, 例えば命題 34.5 の (1) は

- $\forall a,b,c \in X; a \vee (b \vee c) = (a \vee b) \vee c$

となって, よく見る結合律の形に見える. 本書でこれを前置記法で書くのは, 後に $\vee = \max$ と $\vee = \mathrm{lcm}$ の場合を考察するからである. max と lcm は前置記法で $\max(a,b)$ や $\mathrm{lcm}(a,b)$ のように表記するのが一般的だからである.

35 簡約可換半群から定まる順序

代数系 $(S;*,e)$ が簡約可換半群で,

- $\forall a,b \in S; a*b=e \Rightarrow a=e=b$

が成り立つとする. このとき, 半順序関係 $\leq$ が定まるが, 半順序集合 $(S;\leq)$ において, 2 元の上限下限は一般に存在しない.

例 35.1. 集合 S を $S := \mathbb{N} \setminus \{1\}$ で定め, $\mathbb{N}$ の加法を S に制限したものを再び $+$ と表記することにすれば, 代数系 $(S;+,0)$ は簡約可換半群で,

- $\forall a,b \in S; a*b=e \Rightarrow a=e=b$

を満たすが, 2 元の上限下限は一般に存在しない. 例えば, $4,5$ の上限は存在しないし, $6,7$ の下限は存在しない.

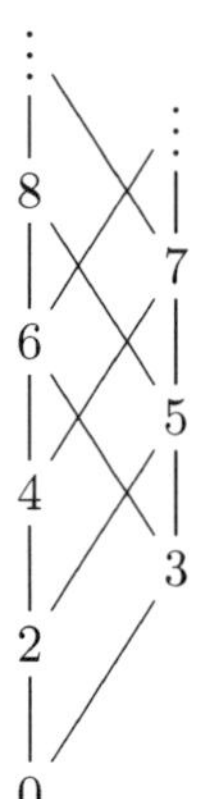

以下, 代数系 $(S;*,e)$ は簡約可換半群で,

- $\forall a,b \in S; a*b=e \Rightarrow a=e=b$,
- $\forall a,b \in S; a$ と b の上限が存在する

が成り立つとする.

35.1 $\vee$ と $\wedge$ の性質

命題 35.1. 以下が成り立つ:

(1) $\forall a \in S; \vee(a,e)=a=\vee(e,a)$.

(2) $\forall a,b,c \in S; \vee(a*c,b*c)=\vee(a,b)*c$.

Proof. (1) $e \leq a$ から明らか.

(2) まず, $\begin{cases} a \leq \vee(a,b) \\ b \leq \vee(a,b) \end{cases}$ より, $\begin{cases} a * c \leq \vee(a,b) * c \\ b * c \leq \vee(a,b) * c \end{cases}$ となると分かる. したがって, $\vee(a * c, b * c) \leq \vee(a,b) * c$.

次に, $\begin{cases} a * c \leq \vee(a{*}c, b{*}c) \\ b * c \leq \vee(a{*}c, b{*}c) \end{cases}$ より, $\begin{cases} a * c * a' = \vee(a{*}c, b{*}c) & (a' \in S) \\ b * c * b' = \vee(a{*}c, b{*}c) & (b' \in S) \end{cases}$ と書ける. したがって, 簡約律より $a * a' = b * b' \cdots$ ① である. これを g とおく. このとき, $g * c = \vee(a * c, b * c)$ である. いま, ① より, g は a, b の上界だから, $\vee(a,b) \leq g$ である. したがって, $\vee(a,b) * c \leq g * c = \vee(a * c, b * c)$.

以上より, $\vee(a,b) * c = \vee(a * c, b * c)$. □

補足 58. 命題 35.1 (1) から, 代数系 $(S; \vee, e)$ が可換半群であることが分かるが, $S \neq \{e\}$ であれば簡約律を満たさない.

命題 35.2. $a, b \in S$ とすると, a, b は下限を持つ.

Proof. 明らかに $a * b$ は a, b の上界なので, $\vee(a,b) \leq a * b$ となる. よって, $\vee(a,b) * g = a * b$ $(g \in S) \cdots$ ① と書ける. この g が a, b の下限であることを示そう.

まず, $\vee(a,b)$ は a, b の上界なので, $\begin{cases} a * b' = \vee(a,b) & (b' \in S) \\ a' * b = \vee(a,b) & (a' \in S) \end{cases}$ と書ける. したがって, ①より, $\begin{cases} a * g * b' = a * b \\ a' * g * b = a * b \end{cases}$ となる. ゆえに, 簡約律より, $\begin{cases} a = a' * g \\ b = g * b' \end{cases}$ を得る. したがって, g は a, b の下界である.

次に, d を a, b の下界としよう. このとき, $\begin{cases} a'' * d = a & (a'' \in S) \\ d * b'' = b & (b'' \in S) \end{cases} \cdots$ ② と書ける. いま, $m := a'' * d * b'' \cdots$ ③ とおけば,

$$a * b'' = a'' * d * b'' = a'' * b$$

なので, m は a, b の上界である. したがって, $\vee(a,b) \leq m$ となるので, $\vee(a,b) * c = m$ $(c \in S)$ と書ける. このとき,

$$\vee(a,b) * c * d = m * d \overset{③}{=} a'' * d * d * b'' \overset{②}{=} a * b \overset{①}{=} \vee(a,b) * g$$

となるから, 簡約律より, $c * d = g$ を得る, したがって, $d \leq g$.

以上より, g は a, b の下限である. □

以下, $a, b \in S$ に対して, a と b の下限を $\wedge(a,b)$ と表記する. 上の証明より, 自動的に次も証明されたことになる:

系 35.3. $a, b \in S$ とすると, $a * b = \vee(a, b) * \wedge(a, b)$ が成り立つ.

また, 上限と下限が常に存在するので, 次を得る:

系 35.4. $(S; \vee, \wedge)$ は束である.

命題 35.5. 以下が成り立つ:

(1) $S \neq \{e\} \Rightarrow \nexists u \in S; \forall a \in S; \wedge(a, u) = a = \wedge(u, a)$.

(2) $\forall a, b, c \in S; \wedge(a * c, b * c) = \wedge(a, b) * c$.

Proof. (1)　$u \in S$ が $\forall a \in S; \wedge(a, u) = a = \wedge(u, a)$ を満たすとする. このとき, $\forall a \in S; a \leq u$ が成り立つ.

さて, $u \neq e$ と仮定しよう. このとき, $u \leq u * u$ and $u \neq u * u$ である. これは矛盾.

一方, $u = e$ と仮定しよう. すなわち, $\forall a \in S; a \leq e$. これは $S = \{e\}$ を導き, 矛盾である.

(2)　系 35.4 と, $*$ の $\vee$ に関する分配律より,

$$\begin{aligned}(\wedge(a, b) * c) * (\vee(a, b) * c) &= (\wedge(a, b) * \vee(a, b)) * (c * c) \\ &= (a * b) * (c * c) = (a * c) * (b * c) \\ &= \wedge(a * c, b * c) * \vee(a * c, b * c) \\ &= \wedge(a * c, b * c) * (\vee(a, b) * c).\end{aligned}$$

ゆえに, 簡約律より, $\wedge(a, b) * c = \wedge(a * c, b * c)$. □

補足 59. (2) が示すとおり, $\vee$ とは異なり, $\wedge$ は単位元を持たない.

命題 35.6. 以下が成り立つ:

(1) $\forall a, b, c \in S; \wedge(a, \vee(b, c)) = \vee(\wedge(a, b), \wedge(a, c))$.

(2) $\forall a, b, c \in S; \vee(a, \wedge(b, c)) = \wedge(\vee(a, b), \vee(a, c))$.

Proof. (1) $a, b, c \in S$ とする.

$$\wedge(a, \vee(b, c)) \leq \wedge((\vee(b, c)/b) * a, (\vee(b, c)/b) * b) = (\vee(b, c)/b) * \wedge(a, b)$$

より,

$$e \leq \wedge(a, \vee(b, c))/\wedge(a, b) \leq \vee(b, c)/b.$$

同様に,

$$e \leq \wedge(a, \vee(b, c))/\wedge(a, c) \leq \vee(b, c)/c$$

を得る. いま, $\wedge(\vee(b, c)/b, \vee(b, c)/c) = e$ より,

$$e = \wedge\Big(\wedge(a, \vee(b, c))/\wedge(a, b), \wedge(a, \vee(b, c))/\wedge(a, c)\Big).$$

したがって,

$$\begin{aligned}\wedge(a, \vee(b, c)) &\geq \vee(\wedge(a, b), \wedge(a, c)) \\ &= \wedge\begin{pmatrix}\wedge(a, \vee(b, c)) * \vee(\wedge(a, b), \wedge(a, c))/\wedge(a, b), \\ \wedge(a, \vee(b, c)) * \vee(\wedge(a, b), \wedge(a, c))/\wedge(a, c)\end{pmatrix} \\ &\geq \wedge(a, \vee(b, c)).\end{aligned}$$

ゆえに, $\wedge(a, \vee(b, c)) = \vee(\wedge(a, b), \wedge(a, c))$.

(2)

$$\begin{aligned}&\wedge(\vee(a, b), \vee(a, c)) * \vee(\vee(a, b), \vee(a, c)) * \wedge(a, b) * \wedge(a, c) \\ &= \vee(a, b) * \vee(a, c) * \wedge(a, b) * \wedge(a, c) \\ &= a * b * a * c = a * a * \wedge(b, c) * \vee(b, c) \\ &= \vee(a, \wedge(b, c)) * \wedge(a, \wedge(b, c)) * \wedge(a, \vee(b, c)) * \vee(a, \vee(b, c)) \\ &= \vee(a, \wedge(b, c)) * \wedge(\wedge(a, b), \wedge(a, c)) * \vee(\wedge(a, b), \wedge(a, c)) * \vee(\vee(a, b), \vee(a, c)) \\ &= \vee(a, \wedge(b, c)) * \wedge(a, b) * \wedge(a, c) * \vee(\vee(a, b), \vee(a, c))\end{aligned}$$

したがって, (2) が成り立つ. □

36　ℕ の大小関係の性質 (つづき)

$(\mathbb{N};\leq)$ が半順序集合をなすことを思い出す. まず, 34 節に沿って, 基本的な定義をし, いくつかの命題を紹介する.

36.1　最大値と最小値

定義 36.1. $a,b\in\mathbb{N}$ に対して, $m\in\mathbb{N}$ が a,b **の上界**であるとは,

$$a\leq m \ \text{ and } \ b\leq m$$

となることである. さらに, $a,b\in\mathbb{N}$ に対して, $l\in\mathbb{N}$ が a,b **の最大値**であるとは,

(a) $a\leq l \ \text{ and } \ b\leq l$,

(b) $\forall m\in\mathbb{N}; a\leq m \ \text{ and } \ b\leq m\Rightarrow l\leq m$

となることである.

定義 36.2. $a,b\in\mathbb{N}$ に対して, $d\in\mathbb{N}$ が a,b **の下界**であるとは,

$$d\leq a \ \text{ and } \ d\leq b$$

となることである. さらに, $a,b\in\mathbb{N}$ に対して, $g\in\mathbb{N}$ が a,b **の最小値**であるとは,

(a) $g\leq a \ \text{ and } \ g\leq b$,

(b) $\forall d\in\mathbb{N}; d\leq a \ \text{ and } \ d\leq b\Rightarrow d\leq g$

となることである.

36.2 最大値の存在

定理 36.1. $a, b \in \mathbb{N}$ とすれば, a と b の最大値が一意に存在する.

Proof. まず, a, b の上界の全体を S とおく ($S := \left\{ n \in \mathbb{N} \,\middle|\, a \leq n, b \leq n \right\}$). このとき, $a + b \in S$ なので, $S \neq \varnothing$ である. したがって, 自然数の整列性から, S は $\leq$ に関する最小値 $\ell \in S$ を持つ. この ℓ が a と b の最大値であることを示そう.

任意に $m \in S$ をとろう. $\ell \leq m$ を示せばよい. しかし, これは ℓ が S の $\leq$ に関する最小値であることから明らかである.

一意性は命題 34.1 から従う. □

以下, $a, b \in \mathbb{N}$ に対して, a と b の最大値を $\max(a, b)$ と表記する.

命題 34.3 と命題 35.2 から次が従う:

命題 36.2. $a, b \in \mathbb{N}$ とすると, a, b の最小値が一意に存在する.

以下, $a, b \in \mathbb{N}$ に対して, a と b の最小値を $\min(a, b)$ と表記する.

命題 36.3. 代数系 $(\mathbb{N}; \max, \min)$ は束である. すなわち, 以下が成り立つ:

(1) $\forall a, b, c \in \mathbb{N};\ \max(a, \max(b, c)) = \max(\max(a, b), c)$.

(2) $\forall a, b \in \mathbb{N};\ \max(a, b) = \max(b, a)$.

(3) $\forall a \in \mathbb{N};\ \max(a, a) = a$.

(4) $\forall a, b \in \mathbb{N};\ \max(a, \min(b, a)) = a$.

(5) $\forall a, b, c \in \mathbb{N};\ \min(a, \min(b, c)) = \min(\min(a, b), c)$.

(6) $\forall a, b \in \mathbb{N};\ \min(a, b) = \min(b, a)$.

(7) $\forall a \in \mathbb{N};\ \min(a, a) = a$.

(8) $\forall a, b \in \mathbb{N};\ \min(a, \max(b, a)) = a$.

命題 36.4. 以下が成り立つ:

(1) $\forall a \in \mathbb{N};\ \max(a, 0) = a = \max(0, a)$.

(2) $\forall a, b, c \in \mathbb{N};\ \max(a + c, b + c) = \max(a, b) + c$.

(3) $\nexists u \in \mathbb{N}$ s.t. $\forall a \in \mathbb{N};\ \min(a, u) = a = \min(u, a)$.

(4) $\forall a, b, c \in \mathbb{N};\ \min(a + c, b + c) = \min(a, b) + c$.

補足 60. (3) が示すとおり, max とは異なり, min は単位元を持たない.

命題 36.5. 以下が成り立つ:

(1) $\forall a, b, c \in \mathbb{N};\ \min(a, \max(b, c)) = \max(\min(a, b), \min(a, c))$.

(2) $\forall a, b, c \in \mathbb{N};\ \max(a, \min(b, c)) = \min(\max(a, b), \max(a, c))$.

系 36.6. $a, b \in \mathbb{N}$ とすると, $a + b = \max(a, b) + \min(a, b)$ が成り立つ.

37 $\mathbb{N}_+$ の整除関係の性質 (つづき)

$(\mathbb{N}_+; \sqsubseteq)$ が半順序集合をなすことを思い出す. まず, 34 節に沿って, 基本的な定義をし, いくつかの命題を紹介する.

37.1 最小公倍数と最大公約数

定義 37.1. $a, b \in \mathbb{N}_+$ に対して, $m \in \mathbb{N}_+$ が a, b **の公倍数**であるとは,

$$a \sqsubseteq m \text{ and } b \sqsubseteq m$$

となることである. さらに, $a, b \in \mathbb{N}_+$ に対して, $l \in \mathbb{N}_+$ が a, b **の最小公倍数**であるとは,

(a) $a \sqsubseteq l$ and $b \sqsubseteq l$,

(b) $\forall m \in \mathbb{N}_+; a \sqsubseteq m$ and $b \sqsubseteq m \Rightarrow l \sqsubseteq m$

となることである.

定義 37.2. $a, b \in \mathbb{N}_+$ に対して, $d \in \mathbb{N}_+$ が a, b **の公約数**であるとは,

$$d \sqsubseteq a \text{ and } d \sqsubseteq b$$

となることである. さらに, $a, b \in \mathbb{N}_+$ に対して, $g \in \mathbb{N}_+$ が a, b **の最大公約数**であるとは,

(a) $g \sqsubseteq a$ and $g \sqsubseteq b$,

(b) $\forall d \in \mathbb{N}_+; d \sqsubseteq a$ and $d \sqsubseteq b \Rightarrow d \sqsubseteq g$

となることである.

37.2 最小公倍数の存在

定理 37.1. $a, b \in \mathbb{N}_+$ とすれば, a と b の最小公倍数が一意に存在する.

Proof. まず, a, b の公倍数の全体を S とおく ($S := \{ n \in \mathbb{N}_+ \mid a \sqsubseteq n, b \sqsubseteq n \}$). このとき, $a \times b \in S$ なので, $S \neq \varnothing$ である. したがって, 自然数の整列性から, S は $\leq$ に関する最小値 $\ell \in S$ を持つ. この ℓ が a と b の最小公倍数であることを示そう.

任意に $m \in S$ をとろう. $\ell \sqsubseteq m$ を示せばよい. m を ℓ で割れば, 除法の原理から, $m = \ell \times q + r$ $(q, r \in \mathbb{N}, r < \ell)$ と書ける. いま, $r > 0$ と仮定すると, m, ℓ が a, b の公倍数であることから, r も a, b の公倍数となり, これは ℓ の最小性に矛盾. したがって, $r = 0$. ゆえに, $\ell \sqsubseteq m$ である.

一意性は命題 34.1 から従う. □

以下, $a, b \in \mathbb{N}_+$ に対して, a と b の最小公倍数を $\mathrm{lcm}(a, b)$ と表記する.
命題 34.3 と命題 35.2 から次が従う:

命題 37.2. $a, b \in \mathbb{N}_+$ とすると, a, b の最大公約数が一意に存在する.

以下, $a, b \in \mathbb{N}_+$ に対して, a と b の最大公約数を $\gcd(a, b)$ と表記する.

命題 37.3. 代数系 $(\mathbb{N}_+; \mathrm{lcm}, \gcd)$ は束である. すなわち, 以下が成り立つ:

(1) $\forall a, b, c \in \mathbb{N}_+; \mathrm{lcm}(a, \mathrm{lcm}(b, c)) = \mathrm{lcm}(\mathrm{lcm}(a, b), c)$.

(2) $\forall a, b \in \mathbb{N}_+; \mathrm{lcm}(a, b) = \mathrm{lcm}(b, a)$.

(3) $\forall a \in \mathbb{N}_+; \mathrm{lcm}(a, a) = a$.

(4) $\forall a, b \in \mathbb{N}_+; \mathrm{lcm}(a, \gcd(b, a)) = a$.

(5) $\forall a, b, c \in \mathbb{N}_+; \gcd(a, \gcd(b, c)) = \gcd(\gcd(a, b), c)$.

(6) $\forall a, b \in \mathbb{N}_+; \gcd(a, b) = \gcd(b, a)$.

(7) $\forall a \in \mathbb{N}_+; \gcd(a, a) = a$.

(8) $\forall a, b \in \mathbb{N}_+; \gcd(a, \mathrm{lcm}(b, a)) = a$.

命題 37.4. 以下が成り立つ:

(1) $\forall a \in \mathbb{N}_+;\ \mathrm{lcm}(a, 1) = a = \mathrm{lcm}(1, a)$.

(2) $\forall a, b, c \in \mathbb{N}_+;\ \mathrm{lcm}(a \times c, b \times c) = \mathrm{lcm}(a, b) \times c$.

(3) $\nexists u \in \mathbb{N}_+$ s.t. $\forall a \in \mathbb{N}_+;\ \gcd(a, u) = a = \gcd(u, a)$.

(4) $\forall a, b, c \in \mathbb{N}_+;\ \gcd(a \times c, b \times c) = \gcd(a, b) \times c$.

補足 61. (3) が示すとおり, lcm とは異なり, gcd は単位元を持たない.

命題 37.5. 以下が成り立つ:

(1) $\forall a, b, c \in \mathbb{N}_+;\ \gcd(a, \mathrm{lcm}(b, c)) = \mathrm{lcm}(\gcd(a, b), \gcd(a, c))$.

(2) $\forall a, b, c \in \mathbb{N}_+;\ \mathrm{lcm}(a, \gcd(b, c)) = \gcd(\mathrm{lcm}(a, b), \mathrm{lcm}(a, c))$.

系 37.6. $a, b \in \mathbb{N}_+$ とすると, $a \times b = \mathrm{lcm}(a, b) \times \gcd(a, b)$ が成り立つ.

第 VIII 部 自然数の拡張

38 可換群

定義 38.1. 可換半群 $(S; *, e)$ が**可換群**であるとは,

- $\forall a \in S; \exists b \in S$ s.t. $a * b = e = b * a$ (可逆律)

を満たすことである.

幾つか基本的な性質を述べておく.

補題 38.1. $(S; *, e)$ を可換群として, $a \in S$ とするとき, $a*b = e = b*a$ を満たす $b \in S$ は一意的である.

Proof. $b_1 \in S$ と $b_2 \in S$ が, $a * b_1 = e = b_1 * a$, $a * b_2 = e = b_2 * a$ を満たすとする. このとき, 単位律と結合律より, $b_1 = b_1 * e = b_1 * (a * b_2) = (b_1 * a) * b_2 = e * b_2 = b_2$ を得る. □

定義 38.2. $a \in S$ とするとき, 一意に存在する $b \in S$ s.t. $a * b = e = b * a$ を a **の逆元** *(the inverse of a)* と呼ぶ. b を a^* とあらわす.

補題 38.2. $a \in \mathrm{K}(S)$ とする. このとき, $a * a^* = e = a^* * a$ である.

Proof. これは可逆律の言い換えである. □

補題 38.3. 可換群は簡約可換半群である. すなわち, $a, b, c \in S$ とするとき, $a * c = b * c$ ならば $a = b$ である.

Proof. c の逆元を $d \in S$ とすれば, 結合律と単位律から,

$$\begin{aligned} a &= a * e = a * (c * c^*) = (a * c) * c^* \\ &= (b * c) * c^* = b * (c * c^*) = b * e = b \end{aligned}$$

である. □

補題 38.4. 以下が成り立つ:

(1) $a, b \in \mathrm{K}(S)$ とすると, $(a * b)^* = b^* * a^*$.

(2) $e^* = e$.

(3) $a \in \mathrm{K}(S)$ とすると, $(a^*)^* = a$.

Proof. (1)　等式 $(a * b)^* * (a * b) = e = (b^* * a^*) * (a * b)$ に簡約律を適用すれば, $(a * b)^* = b^* * a^*$ を得る.

(2)(3) は明らか. □

39　K 群

与えられた簡約可換半群 $(S; *, e)$ を含む可換群を作る方法を考えたい.

39.1　集合を作る

定義 39.1. 直積集合 $S \times S$ 上の二項関係 $\approx$ を次で定義する:

$$(a, b) \approx (c, d) :\Leftrightarrow a * d = c * b, \qquad (a, b, c, d \in S).$$

命題 39.1. $\approx$ は $S \times S$ 上の同値関係である.

Proof. (反射律)(対称律) は自明だから (推移律) を示そう.

- $(a, b) \approx (c, d)$ より, $a * d = c * b$ であるから, $(a * d) * g = (c * b) * g$.
- $(c, d) \approx (f, g)$ より, $c * g = f * d$ であるから, $(c * g) * b = (f * d) * b$.

ゆえに, 結合律と可換律から, $(a * d) * g = (c * b) * g = (c * g) * b = (f * d) * b$. したがって, 簡約律から, $a * g = f * b$ である. よって, $(a, b) \approx (f, g)$. □

定義 39.2. $(a, b) \in S \times S$ が属する $\approx$ に関する同値類を $[(a, b)]$ と書くことにする. また, $\mathrm{K}(S) := (S \times S)/_{\approx}$ とおく.

39.2 演算を作る

定義 39.3. K(S) 上の二項演算 ⊛ を次で定義したい:

$$[(a,b)]\circledast[(c,d)] := [(a*c, b*d)].$$

命題 39.2. 定義 44.9 は well-defined.

Proof. $(a,b) \approx (a',b')$, $(c,d) \approx (c',d')$ とする. このとき, $a*b' = a'*b$, $c*d' = c'*d$ となる. ゆえに, $(a*b')*(c*d') = (a'*b)*(c'*d)$ を得る. 結合律と可換律より, $(a*c)*(b'*d') = (a'*c')*(b*d)$. ゆえに $(a*c, b*d) \approx (a'*c', b'*d')$. □

定義 39.4. K(S) の元 ⓔ を ⓔ := $[(e,e)]$ と定める.

補足 62. 命題 39.2 にあるような定義が "well-defined" であることの確認は, 今後様々な場面に現れる. 商集合 K(S) 上の二項演算 ⊛ は (a,b) が属する同値類 $[(a,b)]$ と (c,d) が属する同値類 $[(c,d)]$ に対して定義される. ここで, (a,b) や (c,d) は同値類の代表元に過ぎないことに注意しよう. また, $[(a,b)]\circledast[(c,d)]$ を $(a*c, b*d)$ が属する同値類で定義していることにも注意しよう. $[(a,b)]\circledast[(c,d)]$ が 'ちゃんと定義される'(well-defined である) ためには, これが代表元の取り方に依存しないことを示す必要がある. 命題 39.2 の証明では, 代表元を取り替えても同じ同値類を定めることを示しているのである.

補足 63. いま, 集合 K(S) に演算 ⊛, ⓔ が与えられたので, 新たな代数系 (K(S); ⊛, ⓔ) が得られたことになる. 39.3 節, 39.4 節で示す通り, 代数系 (K(S); ⊛, ⓔ) は ⊛ を演算, ⓔ を単位元とする可換群であり, 簡約可換半群 $(S;*,e)$ は可換群 (K(S); ⊛, ⓔ) の部分と同一視される. この同一視の下で, S の演算 $*$ は K(S) の演算 ⊛ を S に制限したものと一致し, S の単位元 e は K(S) の単位元 ⓔ と一致する. どうせ一致するのだから ⊛, ⓔ といった記号でなく $*, e$ であらわせばよい, という考え方もあるが, 我々はまだ, 簡約可換半群 $(S;*,e)$ が可換群 (K(S); ⊛, ⓔ) の部分と同一視されることを示していない. したがって, それまでは記号を区別しておく必要がある.

39.3 S を K(S) に埋め込む

定義 39.5. 写像 $\varphi : S \to \mathrm{K}(S)$ を次で定義する:

$$\varphi(x) = [(x, e)], \quad x \in S.$$

定理 39.3. 上で定義した写像 $\varphi : S \to \mathrm{K}(S)$ は単射である.

Proof. 次の同値変形から従う:

$$\varphi(x) = \varphi(y) \Leftrightarrow [(x, e)] = [(y, e)] \Leftrightarrow (x, e) \approx (y, e) \Leftrightarrow x * e = y * e$$
$$\Leftrightarrow x = y.$$

□

定理 39.4. 写像 $\varphi : S \to \mathrm{K}(S)$ について, 以下が成り立つ:

(1) $\varphi(a * b) = \varphi(a) \circledast \varphi(b), \qquad a, b \in S.$

(2) $\varphi(e) = ⓔ.$

Proof. (1) $x, y \in S$ とする. このとき

$$\varphi(x * y) = [(x * y, e)] = [(x * y, e * e)] = [(x, e)] \circledast [(y, e)] = \varphi(x) \circledast \varphi(y).$$

(2) $\varphi(e) = [(e, e)] = ⓔ.$ □

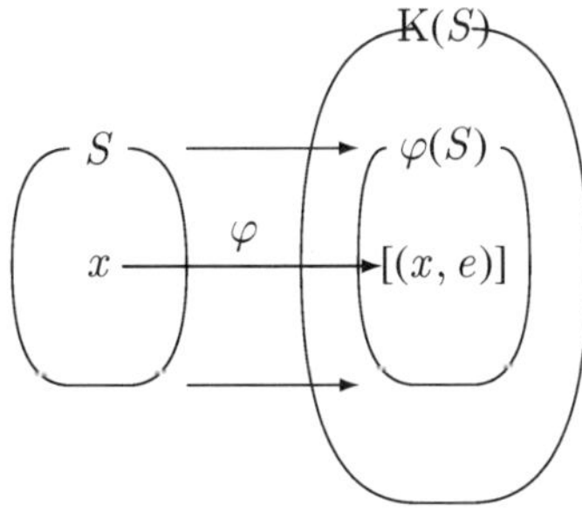

集合 S は集合 $\varphi(S)$ と別物である. しかし, S と $\varphi(S)$ は全単射 φ によって一対一に対応し, 計算結果まで込めて S は $\varphi(S)$ と同一視できる (定理 44.9). したがって, $\varphi(S)$ の内部で計算する限り, それは S での計算と等価である. 問題は $\varphi(S)$ の外部にはみ出る計算についてである. しかし, $\varphi(S)$ の外部にはみ出る計算についても, $\varphi(S)$ の内部と同様の計算法則が成り立つのである.

39.4 K(S) の性質の証明

$\varphi(S)$ の外部にはみ出る計算についても, $\varphi(S)$ の内部と同様の計算法則が成り立つ. 数学教育学ではこれを「形式不易の原理」と称するが, それが妥当であることを示すのが, 次の定理である.

定理 39.5. $(\mathrm{K}(S); \circledast, ⓔ)$ は可換群である. すなわち, 以下が成り立つ:

(1) $\forall[(a,b)], [(c,d)], [(e,f)] \in \mathrm{K}(S)$;
$[(a,b)] \circledast ([(c,d)] \circledast [(e,f)]) = ([(a,b)] \circledast [(c,d)]) \circledast [(e,f)]$.

(2) $\forall[(a,b)] \in \mathrm{K}(S); [(a,b)] \circledast ⓔ = [(a,b)] = ⓔ \circledast [(a,b)]$.

(3) $\forall[(a,b)], [(c,d)] \in \mathrm{K}(S); [(a,b)] \circledast [(c,d)] = [(c,d)] \circledast [(a,b)]$.

(4) $\forall[(a,b)] \in \mathrm{K}(S)$;
$\exists[(c,d)] \in \mathrm{K}(S)$ s.t. $[(a,b)] \circledast [(c,d)] = ⓔ = [(c,d)] \circledast [(a,b)]$.

Proof. (1) まず, 定義から

$$\begin{aligned}([(a,b)] \circledast [(c,d)]) \circledast [(e,f)] &= [(a*c, b*d)] \circledast [(e,f)] \\ &= [((a*c)*e, (b*d)*f)]. \\ [(a,b)] \circledast ([(c,d)] \circledast [(e,f)]) &= [(a,b)] \circledast [(c*e, d*f)] \\ &= [(a*(c*e), b*(d*f))].\end{aligned}$$

あとは S の結合律から従う.

(2) まず, 定義から

$$[(a,b)] \circledast ⓔ = [(a,b)] \circledast [(e,e)] = [(a*e, b*e)].$$
$$ⓔ \circledast [(a,b)] = [(e,e)] \circledast [(a,b)] = [(e*a, e*b)].$$

あとは S の単位律から従う.

(3) まず, 定義から

$$[(a,b)] \circledast [(c,d)] = [(a*c, b*d)].$$
$$[(c,d)] \circledast [(a,b)] = [(c*a, d*b)].$$

あとは S の可換律から従う.

(4) まず, $[(a,b)] \circledast [(b,a)] = [(a*b, b*a)]$ だから,

$$[(a*b, b*a)] = ⓔ$$

が示せれば十分である. いま, S の単位律・可換律より,

$$(a * b) * e = a * b = b * a = e * (b * a)$$

であるから, $(a * b, b * a) \approx (e, e)$ である. よって, $[(a, b)] \circledast [(b, a)] = ⓔ$ である. もうひとつの等号も同様である. □

こうして得られた可換群 $\mathrm{K}(S)$ を S **の** K **群**と呼ぶ.

補足 64. (4) の証明から, 元 $[(a, b)] \in \mathrm{K}(S)$ の逆元 $[(a, b)]^{\circledast}$ は $[(b, a)]$ で与えられる ($[(a, b)]^{\circledast} = [(b, a)]$).

定理 39.5 より代数系 ($\mathrm{K}(S)$; ⊛, ⓔ) が可換群なので, 補題 38.3 から, ($\mathrm{K}(S)$; ⊛, ⓔ) は簡約可換半群である. つまり, 代数系 ($\mathrm{K}(S)$; ⊛, ⓔ) では代数系 $(S; *, e)$ と同じ計算法則が成り立つのである. これを数学教育学では「形式不易の原理」と称する.

39.5 標準形

さて, 簡約可換半群 $(S; *, e)$ が性質

- $\forall a, b \in S; a * b = e \Rightarrow a = e = b$
  を満たしていて, これから定まる半順序関係について,
- $\forall a, b \in S$; a と b は上限を持つ

を満たしているとしよう. このとき, 任意の 2 元の下限も存在するのだった.

命題 39.6. 任意の拡張された元は $[(a, b)]$ $(a, b \in S)$ という形で表示される. ここで, $c := \wedge(a, b)$ とおけば, $a = a' * c, b = b' * c$ $(a, b \in S)$ とあらわせる. このとき, $\wedge(a', b') = e$ であり,

$$[(a, b)] = [(a', b')]$$

となる.

Proof. $a*b' = (a'*c)*b' = (b'*c)*a' = b*a'$ であるから, $(a, b) \approx (a', b')$. □

定義 39.6. 拡張された元 $x \in \mathrm{K}(S)$ は,

$$x = [(a, b)] \ \ (a, b \in S, \wedge(a, b) = e)$$

と表示するとき, この表示を**標準形**と呼ぶ.

40 $\mathbb{Z}$ の構成と基本的な性質の証明

定理 7.3 によって, $(\mathbb{N}; +, 0)$ が簡約可換半群であることが示されていることを思い出そう. したがって, 39 節の内容はすべて適用できることになる.

40.1 $(\mathbb{N}; +, 0)$ から $\mathbb{Z}$ を作る

定義 40.1. 直積集合 $\mathbb{N} \times \mathbb{N}$ 上の二項関係 $\approx$ を次で定義する:

$$(a, b) \approx (c, d) :\Leftrightarrow a + d = c + b, \qquad (a, b, c, d \in \mathbb{N}).$$

命題 40.1. $\approx$ は $\mathbb{N} \times \mathbb{N}$ 上の同値関係である.

定義 40.2. $(a, b) \in \mathbb{N} \times \mathbb{N}$ が属する $\approx$ に関する同値類を $[a - b]$ と書くことにする. また, $\mathbb{Z} := (\mathbb{N} \times \mathbb{N})/_{\approx}$ とおく.

定義 40.3. $\mathbb{Z}$ 上の二項演算 $\oplus$ を次で定義したい:

$$[a - b] \oplus [c - d] := [a + c - b + d].$$

命題 40.2. 定義 40.3 は well-defined.

定義 40.4. $\mathbb{Z}$ の元 ⓪ を次で定義する:

$$⓪ := [0 - 0].$$

40.2 $\mathbb{N}$ を $\mathbb{Z}$ に埋め込む

定義 40.5. 写像 $\varphi : \mathbb{N} \to \mathbb{Z}$ を次で定義する:

$$\varphi(x) = [x - 0], \quad x \in \mathbb{N}.$$

定理 40.3. 上で定義した写像 $\varphi : \mathbb{N} \to \mathbb{Z}$ は単射である.

定理 40.4. 上で定義した写像 $\varphi : \mathbb{N} \to \mathbb{Z}$ について, 以下が成り立つ:

(1) $\varphi(a + b) = \varphi(a) \oplus \varphi(b), \qquad a, b \in \mathbb{N}.$

(2) $\varphi(0) = \mathbb{0}$.

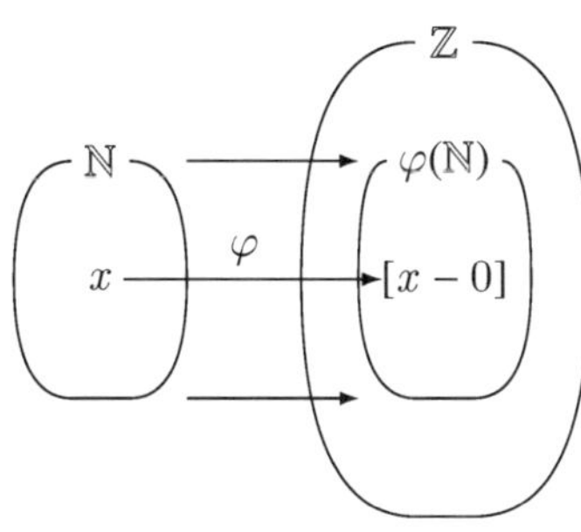

集合 ℕ は集合 $\varphi(\mathbb{N})$ と別物である. しかし, ℕ と $\varphi(\mathbb{N})$ は全単射 φ によって一対一に対応し, 計算結果まで込めて ℕ は $\varphi(\mathbb{N})$ と同一視できるのである (定理 40.4). したがって, $\varphi(\mathbb{N})$ の内部で計算する限り, それは ℕ での計算と等価である. 問題は $\varphi(\mathbb{N})$ の外部にはみ出る計算についてである. しかし, $\varphi(\mathbb{N})$ の外部にはみ出る計算についても, $\varphi(\mathbb{N})$ の内部と同様の計算法則が成り立つのである.

40.3 ℤ の性質

定理 40.5. $(\mathbb{Z}; \oplus, \mathbb{0})$ は以下を満たす:

(1) $\forall [a - b], [c - d], [e - f] \in \mathbb{Z};$
$[a - b] \oplus ([c - d] \oplus [e - f]) = ([a - b] \oplus [c - d]) \oplus [e - f].$

(2) $\forall [a - b] \in \mathbb{Z}; [a - b] \oplus \mathbb{0} = [a - b] = \mathbb{0} \oplus [a - b].$

(3) $\forall [a - b], [c - d] \in \mathbb{Z}; [a - b] \oplus [c - d] = [c - d] \oplus [a - b].$

(4) $\forall [a - b] \in \mathbb{Z};$
$\exists [c - d] \in \mathbb{Z} \text{ s.t. } [a - b] \oplus [c - d] = \mathbb{0} = [c - d] \oplus [a - b].$

記号を改めて, $a, b, c, d, \cdots$ で整数をあらわすことにし, $\oplus, \mathbb{0}$ をそれぞれ $+, 0$ と書くことにすれば, 次のようになる:

定理 40.6. $(\mathbb{Z}; +, 0)$ は以下を満たす:

(1) $\forall a, b, c \in \mathbb{Z}; a + (b + c) = (a + b) + c$.

(2) $\forall a \in \mathbb{Z}; a + 0 = a = 0 + a$.

(3) $\forall a, b \in \mathbb{Z}; a + b = b + a$.

(4) $\forall a \in \mathbb{Z}; \exists b \in \mathbb{Z}$ s.t. $a + b = 0 = b + a$.

このように, 可換群 $\mathbb{Z}$ は簡約可換半群 $\mathbb{N}$ の K 群として定義される.

40.4 整数の性質と関連する基本的定義

幾つか基本的な性質を述べておく.

定義 40.6. $\mathbb{Z}$ の元を**整数**と呼ぶ.

定義 40.7. $a \in \mathbb{Z}$ とするとき, $a + b = 0 = b + a$ を満たす一意的な $b \in \mathbb{Z}$ を $-a$ と書き, a **の反数**と呼ぶ.

定義 40.8 (減法の定義)**.** $a, b \in \mathbb{Z}$ が与えられたとき,

$$a - b := a + -b$$

とおく.

補題 40.7. $a \in \mathbb{Z}$ とする. このとき, $a + -a = 0 = -a + a$ である.

補題 40.8. $a, b, c \in \mathbb{Z}$ とする. このとき, $a + c = b + c$ ならば $a = b$ である.

補題 40.9. 以下が成り立つ:

(1) $a, b \in \mathbb{Z}$ とすると, $-(a+b) = -a + -b$.

(2) $-0 = 0$.

(3) $a \in \mathbb{Z}$ とすると, $-(-a) = a$.

40.5 整数の標準形

さて, 簡約可換半群 $(\mathbb{N}; +, 0)$ が性質

- $\forall a, b \in \mathbb{N}; a + b = 0 \Rightarrow a = 0 = b$
  を満たしていて, これから定まる半順序関係について,
- $\forall a, b \in \mathbb{N}; a$ と b の最大値が存在する

を満たしていたことを思い出そう. このことから, 任意の 2 元の最小値も存在するのだった.

命題 40.10. 任意の整数は $[a - b]$ $(a, b \in \mathbb{N})$ という形で表示される. ここで, $c := \min(a, b)$ とおけば, $a = a' + c, b = b' + c$ $(a, b \in \mathbb{N})$ とあらわせる. このとき, $\min(a', b') = 0$ であり,

$$[a - b] = [a' - b']$$

となる.

定義 40.9. 整数 $x \in \mathbb{Z}$ を

$$x = [a - b] \ (a, b \in \mathbb{N}, \min(a, b) = 0)$$

と表示するとき, この表示を**標準形**と呼ぶ.

41 単元「整数の加法・減法」

この単元は中学校第一学年第一学期 に配当される.
単元「整数の加法・減法の数学的目標は,

(1) $\mathbb{Z}$ の導入.

(2) $\mathbb{N}$ の $\mathbb{Z}$ への埋め込み.

(3) 整数の標準形.

(4) マイナス符号の区別.

の習得である.

(1) $\mathbb{Z}$ の導入: $\mathbb{Z}$ が可換群であることを知り, 計算が出来ることが目標である. 分数がふたつの正自然数の比として導入されるのと同様に, 整数はふたつの自然数の差として導入される.

(2) $\mathbb{N}$ の $\mathbb{Z}$ への埋め込み: 埋め込み $\varphi : \mathbb{N} \to \mathbb{Z}$ によって, $\mathbb{N}$ は $\mathbb{Z}$ に $\varphi(\mathbb{N})$ として埋め込まれる. 結果, $a \in \mathbb{N}$ は $\varphi(a) = [a - 0] \in \varphi(\mathbb{N}) \subseteq \mathbb{Z}$ に埋め込まれる.

第一学期の段階では, $[a - 0]$ を $+a$ と表記し, 中学生からの視点として a と $+a$ は区別される. これは, 集合として $\mathbb{N}$ と $\varphi(\mathbb{N})$ が異なることを反映していると解釈できる.

しかし, 第二学期以降は違う. 第一学年第二学期以降は, 「今後は $+a$ を a と書く」の一言で, ＋符号の利用を自粛させる.

補足 65. 実際のところ, 第一学年のうちは, 生徒が＋符号を利用することを大きく咎める必要はないだろうが, 第二学年以降はしっかりと咎めるべきである[37].

(3) 整数の標準形: 整数は一般に, $[a - b]$ $(a, b \in \mathbb{N})$ という表示を持つ. この表示を「一般形」と呼ぶことにしよう. 例えば,

$$[3 - 5] = [2 - 4] = [0 - 2], \qquad [7 - 3] = [10 - 6] = [4 - 0].$$

一般形において, a, b の少なくとも一方が 0 となっている表示が「標準形」である. 整数の一般形と標準形は, 分数の一般形 (可約分数) と標準形 (既約分数) の類似である. 分数の場合は広く一般形が認知されているが, 整数の場合には一般形は表面上利用されない. すべての整数は $[a - 0]$ または $[0 - a]$ の形であらわされる. $[a - 0]$ を $+a$ と, $[0 - a]$ を $-a$ と表記する.

数学科において, 整数は常に標準形のみを用いて一般形を用いない. しかし, 教科書の練習問題や計算の工夫として, 間接的に一般形の利用があ

[37] 正直なところ, 何故すぐに自粛させるのに＋符号を指導するのか理解に苦しむが, 一応, 文化的利用の指導として理解しておく.

る. たとえば, $(-7)+(+8)+(+5)+(-9)$ のような正負の入り混じった計算などでは,

$$\begin{aligned}(-7)+(+8)+(+5)+(-9) &= [0-7]+[8-0]+[5-0]+[0-9]\\ &= [(0+8+5+0)-(7+0+0+9)]\\ &= [(8+5)-(7+9)]\cdots ① \\ &= [13-16] = [(13+0)-(13+3)]\\ &= [0-3]\cdots ② \\ &= -3.\end{aligned}$$

と計算できる. これは数学的には普通の計算だが, 数学科的には, ①の部分が「正の数と負の数に分けてそれぞれ足す」という工夫になっている. なお, ②の部分は, 分数における約分に相当する操作 (13 を約した) であるが, これも数学科的には計算の工夫と言える.

(4) マイナス符号の区別: マイナスには 4 種類の用法がある.

- 一般形の表示のためのマイナス: $[a-b]$ $(a, b \in \mathbb{N})$ という表示に用いるマイナス (a と b の間の −). なお, 一般形は通常表立って利用されないので, このマイナスを生徒が目にすることはない.
- 標準形の表示のためのマイナス: $[0-b]$ を $-b$ とあらわすときに用いるマイナス (負の整数をあらわすための −).
- 一項演算としてのマイナス: 整数 a の反数 (加法逆元) をあらわすときに用いるマイナス.
- 二項演算としてのマイナス: $a-b := a + -b$ と定め, これが減法の定義である. すなわち, このマイナスは二項演算である.

例えば, $+2-(-(-3))$ において, 左のマイナスは二項演算としてのマイナスであり, 真ん中のマイナスは一項演算としてのマイナスであり, 右のマイナスは標準形の表示のためのマイナスである.

42 $\mathbb{Q}_+$ の構成と基本的な性質の証明

定理 (21 節で示された) によって, $(\mathbb{N}_+;\times,1)$ が簡約可換半群であることが示されていることを思い出そう. したがって, 39 節の内容はすべて適用できることになる.

42.1 $(\mathbb{N}_+;\times,1)$ から $\mathbb{Q}_+$ を作る

定義 42.1. 直積集合 $\mathbb{N}_+\times\mathbb{N}_+$ 上の二項関係 $\approx$ を次で定義する:

$$(a,b)\approx(c,d) :\Leftrightarrow a\times d=c\times b, \qquad (a,b,c,d\in\mathbb{N}_+).$$

命題 42.1. $\approx$ は $\mathbb{N}_+\times\mathbb{N}_+$ 上の同値関係である.

定義 42.2. $(a,b)\in\mathbb{N}_+\times\mathbb{N}_+$ が属する $\approx$ に関する同値類を $\left[\frac{a}{b}\right]$ と書くことにする. また, $\mathbb{Q}_+ := (\mathbb{N}_+\times\mathbb{N}_+)/_{\approx}$ とおく.

定義 42.3. $\mathbb{Q}_+$ 上の二項演算 $\otimes$ を次で定義したい:

$$\left[\frac{a}{b}\right]\otimes\left[\frac{c}{d}\right] := \left[\frac{a\times c}{b\times d}\right].$$

命題 42.2. 定義 42.3 は well-defined.

定義 42.4. $\mathbb{Q}_+$ の元 ① を次で定義する:

$$① := \left[\frac{1}{1}\right].$$

42.2 $\mathbb{N}_+$ を $\mathbb{Q}_+$ に埋め込む

定義 42.5. 写像 $\varphi : \mathbb{N}_+ \to \mathbb{Q}_+$ を次で定義する:

$$\varphi(x) = \left[\frac{x}{1}\right], \quad x \in \mathbb{N}_+.$$

定理 42.3. 上で定義した写像 $\varphi : \mathbb{N}_+ \to \mathbb{Q}_+$ は単射である.

定理 42.4. 上で定義した写像 $\varphi : \mathbb{N}_+ \to \mathbb{Q}_+$ について, 以下が成り立つ:

(1) $\varphi(a \times b) = \varphi(a) \otimes \varphi(b), \qquad a, b \in \mathbb{N}_+.$

(2) $\varphi(1) = ①.$

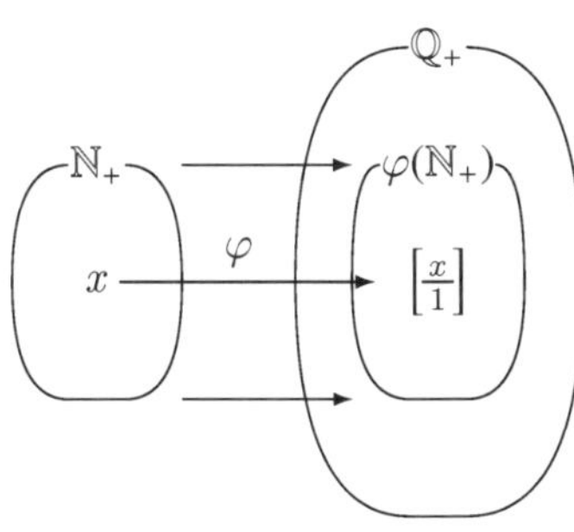

集合 $\mathbb{N}_+$ は集合 $\varphi(\mathbb{N}_+)$ と別物である. しかし, $\mathbb{N}_+$ と $\varphi(\mathbb{N}_+)$ は全単射 φ によって一対一に対応し, 計算結果まで込めて $\mathbb{N}_+$ は $\varphi(\mathbb{N}_+)$ と同一視できるのである (定理 42.4). したがって, $\varphi(\mathbb{N}_+)$ の内部で計算する限り, それは $\mathbb{N}_+$ での計算と等価である. 問題は $\varphi(\mathbb{N}_+)$ の外部にはみ出る計算についてである. しかし, $\varphi(\mathbb{N}_+)$ の外部にはみ出る計算についても, $\varphi(\mathbb{N}_+)$ の内部と同様の計算法則が成り立つのである.

42.3 $\mathbb{Q}_+$ の性質

定理 42.5. $(\mathbb{Q}_+; \otimes, ①)$ は以下を満たす:

(1) $\forall \left[\frac{a}{b}\right], \left[\frac{c}{d}\right], \left[\frac{e}{f}\right] \in \mathbb{Q}_+; \left[\frac{a}{b}\right] \otimes \left(\left[\frac{c}{d}\right] \otimes \left[\frac{e}{f}\right]\right) = \left(\left[\frac{a}{b}\right] \otimes \left[\frac{c}{d}\right]\right) \otimes \left[\frac{e}{f}\right].$

(2) $\forall \left[\frac{a}{b}\right] \in \mathbb{Q}_+; \left[\frac{a}{b}\right] \otimes ① = \left[\frac{a}{b}\right] = ① \otimes \left[\frac{a}{b}\right].$

(3) $\forall \left[\frac{a}{b}\right], \left[\frac{c}{d}\right] \in \mathbb{Q}_+; \left[\frac{a}{b}\right] \otimes \left[\frac{c}{d}\right] = \left[\frac{c}{d}\right] \otimes \left[\frac{a}{b}\right].$

(4) $\forall \left[\frac{a}{b}\right] \in \mathbb{Q}_+; \exists \left[\frac{c}{d}\right] \in \mathbb{Q}_+ \text{ s.t. } \left[\frac{a}{b}\right] \otimes \left[\frac{c}{d}\right] = ① = \left[\frac{c}{d}\right] \otimes \left[\frac{a}{b}\right].$

記号を改めて, $a, b, c, d, \cdots$ で分数をあらわすことにし, $\otimes$, ① をそれぞれ $\times, 1$ と書くことにすれば, 次のようになる:

定理 42.6. $(\mathbb{Q}_+; \times, 1)$ は以下を満たす:

(1) $\forall a, b, c \in \mathbb{Q}_+; a \times (b \times c) = (a \times b) \times c$.

(2) $\forall a \in \mathbb{Q}_+; a \times 1 = a = 1 \times a$.

(3) $\forall a, b \in \mathbb{Q}_+; a \times b = b \times a$.

(4) $\forall a \in \mathbb{Q}_+; \exists b \in \mathbb{Q}_+$ s.t. $a \times b = 1 = b \times a$.

このように, 可換群 $\mathbb{Q}_+$ は簡約可換半群 $\mathbb{N}_+$ の K 群として定義される.

42.4 分数の性質と関連する基本的定義

幾つか基本的な性質を述べておく.

定義 42.6. $\mathbb{Q}_+$ の元を**分数**と呼ぶ.

定義 42.7. $a \in \mathbb{Q}_+$ とするとき, $a \times b = 1 = b \times a$ を満たす一意的な $b \in \mathbb{Q}_+$ を a^{-1} と書き, a **の逆数**と呼ぶ.

定義 42.8 (除法の定義)**.** $a, b \in \mathbb{Q}_+$ が与えられたとき,

$$a \div b := a \times b^{-1}$$

とおく.

補題 42.7. $a \in \mathbb{Q}_+$ とする. このとき, $a \times a^{-1} = 1 = a^{-1} \times a$ である.

補題 42.8. $a, b, c \in \mathbb{Q}_+$ とする. このとき, $a \times c = b \times c$ ならば $a = b$ である.

補題 42.9. 以下が成り立つ:

(1) $a, b \in \mathbb{Q}_+$ とすると, $(a \times b)^{-1} = a^{-1} \times b^{-1}$.

(2) $1^{-1} = 1$.

(3) $a \in \mathbb{Q}_+$ とすると, $(a^{-1})^{-1} = a$.

42.5 分数の標準形

さて, 簡約可換半群 $(\mathbb{N}_+; \times, 1)$ が性質

- $\forall a, b \in \mathbb{N}_+; a \times b = 1 \Rightarrow a = 1 = b$
  を満たしていて, これから定まる半順序関係について,

- $\forall a, b \in \mathbb{N}_+;$ a と b の最小公倍数が存在する

を満たしていたことを思い出そう. このことから, 任意の 2 元の最大公約数も存在するのだった.

命題 42.10. 任意の分数は $\left[\frac{a}{b}\right]$ $(a, b \in \mathbb{N}_+)$ という形で表示される. ここで, $c := \gcd(a, b)$ とおけば, $a = a' \times c, b = b' \times c$ $(a, b \in \mathbb{N}_+)$ とあらわせる. このとき, $\gcd(a', b') = 1$ であり,

$$\left[\frac{a}{b}\right] = \left[\frac{a'}{b'}\right]$$

となる.

定義 42.9. 分数 $x \in \mathbb{Q}_+$ を

$$x = \left[\frac{a}{b}\right] \ (a, b \in \mathbb{N}_+, \gcd(a, b) = 1)$$

と表示するとき, この表示を**標準形**と呼ぶ.

43　単元「分数のかけ算・わり算」

いわゆる「割り算」には, 三種類ある. 局所的除法・余り付き除法・除法である. 第三学年では, この三種の割り算の基本的な考え方を学習する.

	単元	時期	$7\div 3$ の答え	$6\div 3$ の答え
局所的除法	わり算	一学期	割れない	2
余り付き除法	あまりのあるわり算	一/二学期	2 あまり 1	2 あまり 0
除法	分数	二/三学期	$\dfrac{7}{3}$	$\dfrac{6}{3}=\dfrac{2}{1}=2$

これらの割り算に対して, $7\div 3$ と $6\div 3$ を例に考えてみると, 上のようになり, 違いが明確になる.

この後, 分数についての学習は

単元	配当時期
単元「同分母分数のたし算・ひき算」	第四学年
単元「分数のたし算・ひき算」	第五学年
単元「分数のかけ算・わり算」	第六学年

と続く. 本書では, 単元「同分母分数のたし算・ひき算」・単元「分数のたし算・ひき算」については, 44.3 節で述べるにとどめることとし, 単元「分数のかけ算・わり算」について述べる.

この単元は小学校第六学年第一学期 に配当される.

単元「分数のかけ算・わり算」の数学的目標は,

(1) $\mathbb{Q}_+$ の導入.

(2) $\mathbb{N}_+$ の $\mathbb{Q}_+$ への埋め込み.

(3) 分数の標準形.

(4) 割線の区別.

の習得である.

(1)　$\mathbb{Q}_+$ の導入:　$\mathbb{Q}_+$ が可換群であることを知り, 計算が出来る. 整数がふたつの自然数の差として導入されるのと同様に, 分数はふたつの正自然数の比として導入される.

(2)　$\mathbb{N}_+$ の $\mathbb{Q}_+$ への埋め込み:　埋め込み $\varphi:\mathbb{N}_+\to\mathbb{Q}_+$ によって, $\mathbb{N}_+$ は $\mathbb{Q}_+$ に $\varphi(\mathbb{N}_+)$ として埋め込まれる. 結果, $a\in\mathbb{N}_+$ は $\varphi(a)=\left[\frac{a}{1}\right]\in\varphi(\mathbb{N}_+)\subseteq\mathbb{Q}_+$ に埋め込まれる.

(3)　分数の標準形:　分数は一般に, $\left[\frac{a}{b}\right]$ $(a,b\in\mathbb{N}_+)$ という表示を持つ. この表示を「一般形」と呼ぶことにしよう. 例えば,

$$\left[\frac{12}{18}\right]=\left[\frac{6}{9}\right]=\left[\frac{2}{3}\right],\qquad \left[\frac{18}{6}\right]=\left[\frac{6}{2}\right]=\left[\frac{3}{1}\right].$$

一般形において, a,b を互いに素にすることができ, そのような表示が「標準形」である. あるいは**既約分数**ともいう.

(4) 割線の区別: 分数の分子と分母の間の線分を割線という. 割線には2種類の用法がある.

- 一般形の表示のための割線: $\left[\frac{a}{b}\right]$ $(a, b \in \mathbb{N}_+)$ という表示に用いる割線.
- 二項演算としての割線: $a \div b, \dfrac{a}{b} := a \times b^{-1}$ と定め, これが除法の定義である. すなわち, この割線は二項演算である. 小学校では $a \div b$ や $\dfrac{a}{b}$ と, 中学校以降では主として $\dfrac{a}{b}$ と表記する. ここで, a, b 自体が分数表示されているときは $\dfrac{a}{b}$ は繁分数と呼ばれる.

指導上の留意点 その他, いくつか指導上の留意点について述べておく.

まず, 円の面積や周長に関連する一部の単元を除いて, 基本的に**算数科における数の舞台は分数**である. 小数についても, これらの単元を除けば, (算数科では) 有限小数の取り扱いのみである. 有限小数が一般に分数で表示できるのに対して, 分数は有限小数で一般に表示できない. 有限小数は限られた分数の表示形式の一種である. 有限小数の全体が除法に関して閉じていないのに対して, 分数の全体は加法・乗法・除法で閉じているので, 計算では有限小数より分数の方が便利である. この意味で, 本来, 算数科における**数の計算は分数による計算が基本**であると言える. しかし, 算数科ではこのことがあまり徹底されていない. 数の大小が分かりやすいという理由を挙げるだけで, 多くの場合は, 計算過程や答えを有限小数で書かせようとする指導がなされている. この食い違いは中学校第一学年の文章題などにおいて指導上の困難をもたらす.

よく分数には真分数・仮分数・帯分数があるとされるが, 本書における分数は真分数と仮分数の総称であり, 帯分数は有限小数と同様, 分数の表示形式の一種である. この意味で, **帯分数や有限小数を分数表示に戻す**ことが意味を持つ. 分数の学習の中には, 「帯分数や有限小数を分数に戻す」小単元が含まれているが, これがこの小単元の意味である.

分数の除法の学習においては, 特に, 帯分数や有限小数で割る割り算が重要である. 例えば,

$$6 \div 2\frac{1}{3}, \quad 7 \div 0.3, \quad 7 \div 0.6, \quad 3 \div 0.7$$

などである. これらは帯分数や有限小数を分数に戻すことができれば簡単である. しかし, 中学校第一学年の文章題などの計算過程でこの計算に遭遇すると, (本質的な部分はできているにもかかわらず) 有限小数で記述しようとして解答に躓く生徒が続出する. これは分数による計算が基本であることが徹底されていないからである. これを防ぐためには, 単元を離れても計算過程や答えを (有限小数でなく) 分数で記述させる指導が重要になる.

44 可換半環

ここからは, 自然数から有理数までを構成するための代数的な議論をする. 以下, 記述が煩雑になる場合は乗法の記号を省略することもある.

44.1 定義と基本的な条件

定義 44.1. 代数系 $(S;+,o,*,e)$ が**可換半環**であるとは,

- $(S;+,o)$ は可換半群,
- $(S;*,e)$ は可換半群,
- $\forall a \in S; a*o = o = o*a,$ (零化律)
- $\forall a,b,c \in S; \begin{cases} a*(b+c) = a*b+a*c, \\ (a+b)*c = a*c+b*c \end{cases}$ (分配律)

を満たすことである. 可換半環 $(S;+,o,*,e)$ が以下の 3 条件を満たすとき (本書では) **簡約可換半環**と呼ぶことにする:

- $\forall a,b,c \in S; a+b = a+c \Rightarrow b = c,$ (加法の簡約律)
- $\begin{cases} e \neq o, \\ \forall a,b,c \in S; a*b = a*c \Rightarrow a = o \text{ or } b = c, \end{cases}$ (乗法の簡約律)
- $\forall a,b,c,d \in S; \begin{cases} a+b = c+d, \\ a*b = c*d \end{cases} \Rightarrow \{a,b\} = \{c,d\}.$ (公理 (11))

補足 66. ‘簡約’ 可換半環という呼称は本書での呼称であり一般的でない.

例 44.1. 定理 22.4 から代数系 $(\mathbb{N};+,0,\times,1)$ は簡約可換半環である.

例 44.2. 集合 Ω について, 代数系 $(2^{\Omega};\cup,\varnothing,\cap,\Omega)$ は可換半環である. これは, $|\Omega| \geq 2$ のとき, 加法の簡約律・乗法の簡約律・公理 (11) を満たさない. $|\Omega| = 1$ のとき, 加法の簡約律は満たさないが, 乗法の簡約律・公理 (11) は満たす.

例 44.3. 有限整列順序集合 $[2] = \{0,1\}$ について, 代数系 $([2];\max,0,\min,1)$ は公理 (11) と乗法の簡約律を満たす可換半環であるが, 加法の簡約律は成り立たない.

例 44.4. 有限整列順序集合 $[3] = \{0,1,2\}$ について, 代数系 $([3];\max,0,\min,2)$ は公理 (11) を満たす可換半環であるが, 加法の簡約律も乗法の簡約律も成り立たない.

例 44.5. $(S; +, o, *, e)$ を可換半環とするとき, S の元を係数に持つ変数 X に関する多項式の全体を $S[X]$ と表記する. このとき, 自然な加法と乗法に関して $S[X]$ は可換半環になる. S が簡約可換半環であれば, $S[X]$ も簡約可換半環である.

補足 67. 可換半環は, 加法の簡約律と公理 (11) と $e \neq o$ を満たせば, 乗法の簡約律を満たす.

定義 44.2. 可換半環 $(S; +, o, *, e)$ において, 性質

- $\forall x \in S; \exists y \in S; x + y = o = y + x$

を**加法の可逆律**と呼び, 性質

- $e \neq o,$
- $\forall x \in S; x \neq o \Rightarrow \exists y \in S; x * y = e = y * x$

を**乗法の可逆律**と呼ぶ.

演習問題

問題 44. 例 *44.2* の可換半環について, 以下の問いに答えよ:

(1) $(2^{\Omega}; \max, \emptyset, \cap, \Omega)$ が加法の簡約律を満たさないことを示せ.

(2) $(2^{\Omega}; \max, \emptyset, \cap, \Omega)$ が公理 *(11)* を満たさないことを示せ.

(3) $(2^{\Omega}; \max, \emptyset, \cap, \Omega)$ が乗法の簡約律を満たさないことを示せ.

問題 45. 例 *44.3* の可換半環について, 以下の問いに答えよ:

(1) $([2]; \max, 0, \min, 1)$ が加法の簡約律を満たさないを示せ.

(2) $([2]; \max, 0, \min, 1)$ が公理 *(11)* を満たすことを示せ.

(3) $([2]; \max, 0, \min, 1)$ が乗法の簡約律を満たすことを示せ.

問題 46. 例 *44.4* の可換半環について, 以下の問いに答えよ:

(1) $([3]; \max, 0, \min, 2)$ が加法の簡約律を満たさないを示せ.

(2) $([3]; \max, 0, \min, 2)$ が公理 *(11)* を満たすことを示せ.

(3) $([3]; \max, 0, \min, 2)$ が乗法の簡約律を満たさないことを示せ.

44.2 S の差からできる可換半環 $\mathrm{Z}(S)$

$(S;+,o,*,e)$ を簡約可換半環とすると, $(S;+,o)$ は簡約可換半群なので, K 群 $\mathrm{K}(S)$ が定義される. 本小節では, 集合 $\mathrm{K}(S)$ を $\mathrm{Z}(S)$ と表記することにしょう. S の加法は $\mathrm{Z}(S)$ に拡張されている. 本小節では, S の乗法が $\mathrm{Z}(S)$ に拡張されることを示そう.

定義 44.3. $\mathrm{Z}(S)$ 上の二項演算 $*_{\mathrm{Z}(S)}$ を次で定義したい:

$$[a-b] *_{\mathrm{Z}(S)} [c-d] := [(a*c+b*d)-(a*d+b*c)].$$

この $*_{\mathrm{Z}(S)}$ を $\mathrm{Z}(S)$ **の乗法**と呼ぶ.

命題 44.1. 定義 44.3 は well-defined.

Proof. $(a,b)\approx(a',b')$ and $(c,d)\approx(c',d')$ とする. このとき, $a+b'=a'+b$ と $c+d'=c'+d$ が成り立つ. ここで,

- $a+b'=a'+b$ の右から c,d を掛けると, $a*c+b'*c=a'*c+b*c$ と $a*d+b'*d=a'*d+b*d$ を得る. 辺々襷に足すと, 次を得る:

$$(a*c+b'*c)+(a'*d+b*d)=(a'*c+b*c)+(a*d+b'*d).$$

- $c+d'=c'+d$ の左から a',b' を掛けると, $a'c+a'd'=a'c'+a'd$ と $b'c+b'd'=b'c'+b'd$ を得る. 辺々襷に足すと, 次を得る:

$$(a'*c+a'*d')+(b'*c'+b'*d)=(a'*c'+a'*d)+(b'*c+b'*d').$$

これらの辺々を足すと, S の加法の簡約律から, $(a*c+b*d)+(a'*d'+b'*c')=(a'*c'+b'*d')+(a*d+b*c)$. ゆえに $(a*c+b*d, a*d+b*c)\approx(a'*c'+b'*d', a'*d'+b'*c')$ である. □

定義 44.4. $\mathrm{Z}(S)$ の元 $e_{\mathrm{Z}(S)}$ を次で定義する:

$$e_{\mathrm{Z}(S)} := [e-o].$$

この $e_{\mathrm{Z}(S)}$ を $\mathrm{Z}(S)$ **の単位元**と呼ぶ.

次は簡単に証明できる:

定理 44.2. 埋め込み $\varphi : S \to Z(S)$ について, 以下が成り立つ:

(1) $\varphi(a * b) = \varphi(a) *_{Z(S)} \varphi(b), \qquad a, b \in S.$

(2) $\varphi(e) = e_{Z(S)}$.

補題 44.3. $x, y \in Z(S)$ が $x *_{Z(S)} y = o_{Z(S)}$ を満たすならば, $x = o_{Z(S)}$ または $y = o_{Z(S)}$ が成り立つ.

Proof. $[a-b] *_{Z(S)} [c-d] = o_{Z(S)}$ より, $[(a*c+b*d)-(a*d+b*c)] = [o-o]$. したがって, $(a*c)+(b*d) = (a*d)+(b*c)$. また, $(a*c)*(b*d) = (a*d)*(b*c)$ も成り立つから, S の公理 (11) から, $\{a*c, b*d\} = \{a*d, b*c\}$. したがって, S の乗法の簡約律から, $a = b$ または $c = d$ が成り立つ. したがって, $[a-b] = o_{Z(S)}$ または $[c-d] = o_{Z(S)}$ が成り立つ. □

定理 44.4. 代数系 $(Z(S); +_{Z(S)}, o_{Z(S)}, *_{Z(S)}, e_{Z(S)})$ は加法の可逆律を満たす簡約可換半環である.

Proof. 他は簡単なので, 乗法の簡約律と公理 (11) を確認すれば十分だろう.

(乗法の簡約律) $x, y, z \in Z(S)$ が $x *_{Z(S)} y = x *_{Z(S)} z$ を満たすとする. このとき, $x *_{Z(S)} (y -_{Z(S)} z) = x *_{Z(S)} y -_{Z(S)} x *_{Z(S)} z = o_{Z(S)}$ なので, 補題 44.3 より, $x = o_{Z(S)}$ または $y -_{Z(S)} z = o_{Z(S)}$ が成り立つ.

(公理 (11)) $x, y, z, w \in Z(S)$ が $\begin{cases} x +_{Z(S)} y = z +_{Z(S)} w \\ x *_{Z(S)} y = z *_{Z(S)} w \end{cases}$ を満たすとする. このとき,

$$
\begin{aligned}
&(x -_{Z(S)} z) *_{Z(S)} (y -_{Z(S)} z) \\
&= x *_{Z(S)} y -_{Z(S)} x *_{Z(S)} z -_{Z(S)} z *_{Z(S)} y +_{Z(S)} z *_{Z(S)} z \\
&= x *_{Z(S)} y -_{Z(S)} (x +_{Z(S)} y) *_{Z(S)} z +_{Z(S)} z *_{Z(S)} z \\
&= z *_{Z(S)} w -_{Z(S)} (z +_{Z(S)} w) *_{Z(S)} z +_{Z(S)} z *_{Z(S)} z = o_{Z(S)}.
\end{aligned}
$$

したがって, 補題 44.3 から, $x -_{Z(S)} z = o_{Z(S)}$ または $y -_{Z(S)} z = o_{Z(S)}$ が成り立つ. 同様に, $(x -_{Z(S)} w) *_{Z(S)} (y -_{Z(S)} w) = o_{Z(S)}$ が示されるから, $x -_{Z(S)} w = o_{Z(S)}$ または $y -_{Z(S)} w = o_{Z(S)}$ が成り立つ. 以上から, $\{x, y\} = \{z, w\}$ が示される. □

44.3 S の比からできる可換半環 F(S)

42 節では, $\dfrac{\text{正の自然数}}{\text{正の自然数}}$ の形の有理数—これを分数と称していた—を導入し, 乗除法を導入した. つまり, ここまでは分子が 0 になるものを考えていなかった.

本小節では, 少し定義を拡張して, 分子が 0 をになるものを含めて改めて導入する. こうすることで, 乗除法だけでなく加法を導入することができる.

44.3.1 集合を作る

定義 44.5. $S^* := S \setminus \{o\}$ とおく. 直積集合 $S \times S^*$ 上の二項関係 $\approx$ を次で定義する:

$$(a, b) \approx (c, d) :\Leftrightarrow a * d = c * b, \qquad (a, c \in S, b, d \in S^*).$$

命題 44.5. $\approx$ は $S \times S^*$ 上の同値関係である.

Proof. (反射律)(対称律) は自明だから (推移律) を示そう.

- $(a, b) \approx (c, d)$ より, $a * d = c * b$ であるから, $(a * d) * g = (c * b) * g$.
- $(c, d) \approx (f, g)$ より, $c * g = f * d$ であるから, $(c * g) * b = (f * d) * b$.

したがって, 結合律と可換律から,

$$(a * d) * g = (c * b) * g = (c * g) * b = (f * d) * b.$$

ゆえに, $d \neq o$ に注意すれば, 乗法の簡約律から, $a * g = f * b$ である. よって, $(a, b) \approx (f, g)$. □

定義 44.6. $(a, b) \in S \times S^*$ が属する $\approx$ に関する同値類を $\left[\frac{a}{b}\right]$ と書くことにする. また, $\mathrm{F}(S) := (S \times S^*)/_{\approx}$ とおく.

44.3.2 演算を作る

定義 44.7. $\mathrm{F}(S)$ 上の二項演算 $+_{\mathrm{F}(S)}$ を次で定義したい:

$$\left[\frac{a}{b}\right] +_{\mathrm{F}(S)} \left[\frac{c}{d}\right] := \left[\frac{a * d + b * c}{b * d}\right].$$

命題 44.6. 定義 44.9 は well-defined.

Proof. $(a, b) \approx (a', b'), (c, d) \approx (c', d')$ とする. このとき, $a * b' = a' * b$, $c * d' = c' * d$ となる. いま,

$$\begin{aligned}(a * d + b * c) * (b' * d') &= (a * d * (b' * d')) + (b * c * (b' * d')) \\ &= (a' * d' * (b * d)) + (b' * c' * (b * d)) \\ &= (a' * d' + b' * c') * (b * d)\end{aligned}$$

だから, $(a * d + b * c, b * d) \approx (a' * d' + b' * c', b' * d')$. □

定義 44.8. $\mathrm{F}(S)$ の元 $o_{\mathrm{F}(S)}$ を $o_{\mathrm{F}(S)} := \left[\frac{o}{e}\right]$ と定める.

定義 44.9. $\mathrm{F}(S)$ 上の二項演算 $*_{\mathrm{F}(S)}$ を次で定義したい:

$$\left[\frac{a}{b}\right] *_{\mathrm{F}(S)} \left[\frac{c}{d}\right] := \left[\frac{a * c}{b * d}\right].$$

命題 44.7. 定義 44.9 は well-defined.

Proof. $(a, b) \approx (a', b'), (c, d) \approx (c', d')$ とする. このとき, $a * b' = a' * b$, $c * d' = c' * d$ となる. ゆえに, $(a * b') * (c * d') = (a' * b) * (c' * d)$ を得る. 結合律と可換律より, $(a * c) * (b' * d') = (a' * c') * (b * d)$. ゆえに $(a * c, b * d) \approx (a' * c', b' * d')$. □

定義 44.10. $\mathrm{F}(S)$ の元 $e_{\mathrm{F}(S)}$ を $e_{\mathrm{F}(S)} := \left[\frac{e}{e}\right]$ と定める.

44.3.3 S を $\mathrm{F}(S)$ に埋め込む

定義 44.11. 写像 $\varphi : S \to \mathrm{F}(S)$ を次で定義する:

$$\varphi(x) = \left[\frac{x}{e}\right], \quad x \in S.$$

定理 44.8. 上で定義した写像 $\varphi : S \to \mathrm{F}(S)$ は単射である.

Proof. 同値変形

$$\varphi(x) = \varphi(y) \Leftrightarrow \left[\frac{x}{e}\right] = \left[\frac{y}{e}\right] \Leftrightarrow (x, e) \approx (y, e) \Leftrightarrow x * e = y * e$$
$$\Leftrightarrow x = y$$

から従う. □

定理 44.9. 上で定義した写像 $\varphi : S \to \mathrm{F}(S)$ について, 以下が成り立つ:

(1) $\varphi(a + b) = \varphi(a) +_{\mathrm{F}(S)} \varphi(b), \qquad a, b \in S.$

(2) $\varphi(o) = o_{\mathrm{F}(S)}.$

(3) $\varphi(a * b) = \varphi(a) *_{\mathrm{F}(S)} \varphi(b), \qquad a, b \in S.$

(4) $\varphi(e) = e_{\mathrm{F}(S)}.$

Proof. (1) $x, y \in S$ とする. このとき

$$\varphi(x + y) = \left[\frac{x + y}{e}\right] = \left[\frac{x * e + e * y}{e * e}\right] = \left[\frac{x}{e}\right] +_{\mathrm{F}(S)} \left[\frac{y}{e}\right] = \varphi(x) +_{\mathrm{F}(S)} \varphi(y).$$

(2) $\varphi(o) = \left[\frac{o}{e}\right] = o_{\mathrm{F}(S)}.$
(3) $x, y \in S$ とする. このとき

$$\varphi(x * y) = \left[\frac{x * y}{e}\right] = \left[\frac{x * y}{e * e}\right] = \left[\frac{x}{e}\right] *_{\mathrm{F}(S)} \left[\frac{y}{e}\right] = \varphi(x) *_{\mathrm{F}(S)} \varphi(y).$$

(4) $\varphi(e) = \left[\frac{e}{e}\right] = e_{\mathrm{F}(S)}.$ □

44.3.4 F(S) の性質の証明

定理 44.10. 代数系 $(\mathrm{F}(S); +_{\mathrm{F}(S)}, o_{\mathrm{F}(S)}, *_{\mathrm{F}(S)}, e_{\mathrm{F}(S)})$ は乗法の可逆律を満たす簡約可換半環である.

Proof. 他は簡単なので, 加法の簡約律・乗法の可逆律・公理 (11) を確認すれば十分だろう.

(加法の簡約律) $\left[\frac{a}{b}\right] +_{\mathrm{F}(S)} \left[\frac{c}{d}\right] = \left[\frac{a}{b}\right] +_{\mathrm{F}(S)} \left[\frac{f}{g}\right]$ を満たす $\left[\frac{a}{b}\right], \left[\frac{c}{d}\right], \left[\frac{f}{g}\right] \in \mathrm{F}(S)$ を任意にとる. このとき, $\left[\frac{ad+bc}{bd}\right] = \left[\frac{ag+bf}{bg}\right]$ より, $(ad+bc)bg = (ag+bf)bd$. S の加法の簡約律から, $b^2cg = b^2fd$. S の乗法の簡約律から, $cg = fd$. ゆえに, $\left[\frac{c}{d}\right] = \left[\frac{f}{g}\right]$.

(乗法の簡約律) $\left[\frac{a}{b}\right] \in \mathrm{F}(S)$ $(\left[\frac{a}{b}\right] \neq o_{\mathrm{F}(S)})$ を任意にとる. このとき, $\left[\frac{a}{b}\right] \neq \left[\frac{0}{1}\right]$ より, $a \neq 0$. したがって, $a \in S^*$. ゆえに, $\left[\frac{b}{a}\right] \in \mathrm{F}(S)$ が定義される.

いま, $\left[\frac{b}{a}\right] *_{\mathrm{F}(S)} \left[\frac{a}{b}\right] = \left[\frac{ba}{ab}\right] = e_{\mathrm{F}(S)}$ と $\left[\frac{a}{b}\right] *_{\mathrm{F}(S)} \left[\frac{b}{a}\right] = \left[\frac{ab}{ba}\right] = e_{\mathrm{F}(S)}$ より, 乗法の可逆律が成り立つ.

(公理 (11)) $\begin{cases} \left[\frac{a}{b}\right] +_{\mathrm{F}(S)} \left[\frac{c}{d}\right] = \left[\frac{f}{g}\right] +_{\mathrm{F}(S)} \left[\frac{h}{i}\right] \\ \left[\frac{a}{b}\right] *_{\mathrm{F}(S)} \left[\frac{c}{d}\right] = \left[\frac{f}{g}\right] *_{\mathrm{F}(S)} \left[\frac{h}{i}\right] \end{cases}$ を満たす $\left[\frac{a}{b}\right], \left[\frac{c}{d}\right], \left[\frac{f}{g}\right], \left[\frac{h}{i}\right] \in \mathrm{F}(S)$ を任意にとる. このとき, $\begin{cases} (ad+bc)(gi) = (fi+gh)(bd) \\ (ac)(gi) = (fh)(bd) \end{cases}$ であるから, $\begin{cases} adgi + bcgi = fibd + ghbd \\ (adgi)(bcgi) = (fibd)(ghbd) \end{cases}$ となる. ゆえに S の公理 (11) から,

$$\{adgi, bcgi\} = \{fibd, ghbd\}$$

となる. したがって, $\left\{\left[\frac{a}{b}\right], \left[\frac{c}{d}\right]\right\} = \left\{\left[\frac{adgi}{bdgi}\right], \left[\frac{bcgi}{bdgi}\right]\right\} = \left\{\left[\frac{fibd}{bdgi}\right], \left[\frac{ghbd}{bdgi}\right]\right\} = \left\{\left[\frac{f}{g}\right], \left[\frac{h}{i}\right]\right\}$ となる. □

定理 44.11. S が加法の可逆律を満たすならば, F(S) も加法の可逆律を満たす.

Proof. 任意に $\left[\frac{a}{b}\right] \in \mathrm{F}(S)$ をとる. このとき, $\left[\frac{-a}{b}\right]$ は $\left[\frac{a}{b}\right]$ の反数になるので, F(S) は加法の可逆律を満たす. □

しかし, 定理 44.11 の逆は成り立たない.

例 44.6. $S = \left\{ \sum_{n=0}^{N} a_n X^n \in \mathbb{Z}[X] \;\middle|\; a_0 \geq 0, N \geq 0 \right\}$ とおくと, S は通常の加法と乗法で, 簡約可換半環をなす. このとき, S において $1 \in S$ には反数がないので, S は加法の可逆律を満たさない. しかし, 任意の $\left[\frac{f}{g}\right] \in \mathrm{F}(S)$ に対して, $-Xf \in S$ となることに注意すれば, $\left[\frac{f}{g}\right] + \left[\frac{-Xf}{Xg}\right] = 0$ となるので, F(S) は加法の可逆律が成り立つ.

44.4　F(Z(S)) と Z(F(S)) の関係

定義 44.12. 加法の可逆律と乗法の可逆律を満たす可換半環を**体**と呼ぶ.

補足 68. 体は自動的に公理 (11) を満たす.

ここまでの結果で, S を簡約可換半環とすると F(Z(S)) は体になることが示されているが, Z(F(S)) は加法の可逆律を満たす簡約可換半環であるとしか言えず, 一般に体にならない. 加法の可逆律を満たす簡約可換半環である Z(F(S)) は体 F(Z(S)) の部分集合と同一視される.

命題 44.12. 写像 $\varphi : \mathrm{Z}(\mathrm{F}(S)) \to \mathrm{F}(\mathrm{Z}(S))$ を

$$\begin{array}{cccc} \varphi : & \mathrm{Z}(\mathrm{F}(S)) & \to & \mathrm{F}(\mathrm{Z}(S)) \\ & \Psi & & \Psi \\ & \left[\left[\frac{a}{b}\right] - \left[\frac{c}{d}\right]\right] & \mapsto & \left[\frac{[ad-bc]}{[bd-0]}\right] \end{array}$$

で定めると, これは well-defined であり, 単射である. また, φ は演算を保存する, すなわち, 以下が成り立つ:

(1) $\varphi(x + y) = \varphi(x) + \varphi(y)$.

(2) $\varphi(o) = o$.

(3) $\varphi(xy) = \varphi(x)\varphi(y)$.

(4) $\varphi(e) = e$.

Proof. φ が well-defined であることと単射であることを示そう.

$$
\begin{aligned}
\left[\left[\frac{a}{b}\right]-\left[\frac{c}{d}\right]\right] = \left[\left[\frac{a'}{b'}\right]-\left[\frac{c'}{d'}\right]\right] &\Leftrightarrow \left[\frac{a}{b}\right]+\left[\frac{c'}{d'}\right] = \left[\frac{a'}{b'}\right]+\left[\frac{c}{d}\right] \\
&\Leftrightarrow \left[\frac{ad'+bc'}{bd'}\right] = \left[\frac{a'd+b'c}{b'd}\right] \\
&\Leftrightarrow (ad'+bc')b'd = (a'd+b'c)bd' \\
&\Leftrightarrow adb'd' + b'c'bd = a'd'bd + bcb'd' \\
&\Leftrightarrow [adb'd' - bcb'd'] = [a'd'bd - b'c'bd] \\
&\Leftrightarrow [ad-bc][b'd'-o] = [a'd'-b'c'][bd-o] \\
&\Leftrightarrow \left[\frac{[ad-bc]}{[bd-o]}\right] = \left[\frac{[a'd'-b'c']}{[b'd'-o]}\right].
\end{aligned}
$$

ゆえに, φ は well-defined であり, 単射である. 後半は自明である. □

以下, この単射 φ により, Z(F(S)) を F(Z(S)) の部分集合と同一視しする. 一般に φ は全射とは限らない.

例 44.7. $S = \mathbb{N}[X]$ の場合を考えよう. このとき, Z(S) $= \mathbb{Z}[X]$ であり, F(Z(S)) = {$\mathbb{Q}$ 係数の有理式} となる. 一方, $\mathrm{F}(S) = \left\{\dfrac{\mathbb{N}\text{ 係数の多項式}}{\mathbb{N}\text{ 係数の多項式 } (\neq 0)}\right\}$ となるが, Z(F(S)) ≠ F(Z(S)) となる. 例えば, $\dfrac{1}{1-X} \in \mathrm{F}(\mathrm{Z}(S))$ であるが, $\dfrac{1}{1-X} \notin \mathrm{Z}(\mathrm{F}(S))$ となる. 実際, $\dfrac{1}{1-X} = \dfrac{f}{g} - \dfrac{h}{k}$ となる $f, h \in \mathbb{N}[X]$, $g, k \in \mathbb{N}[X]^*$ が存在すると仮定すると, X に 1 を代入したとき, 右辺は有理数になるが, 左辺は発散する.

命題 44.13. 以下は同値:

(1) $\forall z, w \in S; z \neq w \Rightarrow \exists \alpha, \gamma \in S, \beta \in S^*$ s.t. $\alpha z+\gamma w = \alpha w+\gamma z+\beta$.

(2) $\forall x, y, z, w \in S; z \neq w$
$\Rightarrow \exists \alpha, \gamma \in S, \beta \in S^*$ s.t. $\alpha z + \gamma w + \beta y = \alpha w + \gamma z + \beta x$.

(3) $\forall x, y, z, w \in S; z \neq w$
$\Rightarrow \exists a, c \in S, b, d \in S^*$ s.t. $adz + bcw + bdy = adw + bcz + bdx$.

(4) φ は全射.

Proof. (1) ⇒ (2)　$z, w \in S$ を $z \neq w$ となるように任意にとる．このとき, (1) から $\alpha z + \gamma w = \alpha w + \gamma z + \beta$ と書けるから, 辺々 x, y を掛ければ, $\begin{cases} \alpha xz + \gamma xw = \alpha xw + \gamma xz + \beta x \\ \alpha yw + \gamma yz + \beta y = \alpha yz + \gamma yw \end{cases}$ を得る．これを辺々加えれば,

$$(\alpha x + \gamma y)z + (\alpha y + \gamma x)w + \beta y = (\alpha x + \gamma y)w + (\alpha y + \gamma x)z + \beta x.$$

(2) ⇒ (1)　(2) において $x = e, y = o$ とすれば (1) を得る．

(2) ⇒ (3)　$\alpha z + \gamma w + \beta y = \alpha w + \gamma z + \beta x$ とすれば, 辺々 β を掛けて, $\alpha\beta z + \gamma\beta w + \beta\beta y = \alpha\beta w + \gamma\beta z + \beta\beta x$ を得る．ゆえに, (3) が $a = \alpha, c = \gamma, b = d = \beta$ として成り立つ．

(3) ⇒ (2)　これは明らか．　(3) ⇔ (4)　これも明らか． □

系 44.14. $S = \mathbb{N}$ の場合, φ は全射である, すなわち, F(Z(ℕ)) と Z(F(ℕ)) の代数構造は同じである．

Proof. 命題 44.13 の (1) を示せばよい．$z \neq w$ となる $z, w \in \mathbb{N}$ を任意にとる．このとき, $z \neq w$ であることから $z < w$ または $z > w$ である．

$z < w$ の場合, $w - z \in S^*$ で, $0z + 1w = 0w + 1z + (w - z)$.

$z > w$ の場合, $z - w \in S^*$ で, $1z + 0w = 1w + 0z + (z - w)$.

以上より, (1) が成り立つ． □

44.5　有理数体 ℚ

定義 44.13. $\mathbb{Q} := \mathrm{F}(\mathrm{Z}(\mathbb{N})) \simeq \mathrm{Z}(\mathrm{F}(\mathbb{N}))$ とおき, これを**有理数体**と呼び, ℚ の元を**有理数**と呼ぶ．

45　単元「正の数・負の数」

この単元は中学校第一学年第一学期 に配当される.
単元「正の数・負の数」の数学的目標は,

(1) 整数環 $\mathbb{Z}$ の定義

(2) $\mathbb{Z}$ が加法の可逆律を満たす簡約可換半環をなすこと

(3) 有理数体 $\mathbb{Q}$ の定義

(4) $\mathbb{Q}$ が体をなすこと

の習得である.

特に重要なのは (4) $\mathbb{Q}$ が体をなすことである. このことは, 第一学年第二学期における一次方程式が解けることの根拠となるし, 第二学年における連立一次方程式が解けることの根拠となるのである. 言い換えれば, (4) によって, 線型代数学の入り口に立ったとも言える.

こうして, 我々は中学校第一学年一学期の単元へたどり着いた. 以上が本書のゴールである. 最後の Part VIII で述べたのは「数の拡張」と呼ばれる小中高を貫く一本の縦糸の前半の部分である. この後, 数の拡張は実数・複素数へと続いていく. 勉強したい者は, 例えば, [1][4] などが参考になる. ここまでの議論の仕方を身に付ければ, 実数・複素数への拡張の仕方を理解するのも容易になるだろう.

参考文献

[1] 松坂 和夫, **代数系入門**, 岩波書店, 1976.

[2] 遠山 啓, **遠山啓著作集数学教育論シリーズ** 0 **巻〜**13 **巻**, 株式会社太郎次郎社, 1980-1981.

[3] ______, **遠山啓著作集 数学論シリーズ** 0 **巻〜**7 **巻**, 株式会社太郎次郎社, 1980-1981.

[4] 柳原 弘志, 織田 進, **数をとらえ直す—数体系の論理的構築**, 裳華房, 2005.

索引

仲田 研登（なかだ けんと：NAKADA Kento）

2000 年　筑波大学第一学群自然学類　数学専攻　卒業
2002 年　大阪大学大学院理学研究科博士前期課程　数学専攻　修了
2007 年　大阪大学大学院情報科学研究科博士後期課程　情報基礎数学専攻
　　　　単位習得退学
2008 年　大阪大学　博士 (理学) 取得
2009 年　稚内北星学園大学情報メディア学部情報メディア学科　講師
2012 年　岡山大学大学院　教育学研究科　講師
2017 年　同　准教授　現在に至る

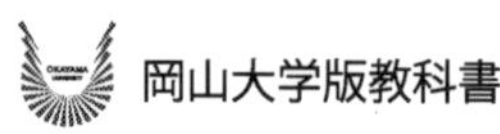

岡山大学版教科書

算数科のための基礎代数
〜代数構造と順序構造の入門〜

2021 年 9 月 15 日　初版第 1 刷発行

著　者　　仲田 研登
発行者　　槇野 博史
発行所　　岡山大学出版会
〒700-8530　岡山県岡山市北区津島中 3-1-1
TEL 086-251-7306　FAX 086-251-7314
http://www.lib.okayama-u.ac.jp/up/
印刷・製本　　友野印刷株式会社

 ISBN 978-4-904228-70-8